工程造价实战技巧

钟 实 著

中国建筑工业出版社

图书在版编目（CIP）数据

工程造价实战技巧 / 钟实著. —北京：中国建筑
工业出版社，2022.8（2025.3重印）
ISBN 978-7-112-27537-3

Ⅰ.①工… Ⅱ.①钟… Ⅲ.①工程造价 Ⅳ.①F285

中国版本图书馆CIP数据核字（2022）第105246号

　　本书讲述了工程造价行业的误差率、行为准则与法律责任，同时介绍了工程造价专业应知应会的知识以及学会如何从各类书籍中获取有效信息，最后着重阐述了工程造价人员专业提升与实战所必备的技巧，如工程量计算编制技巧、工程造价询价与工程成本测算技巧、招标工程量清单编制与工程结算审核技巧、工程造价成果质量复核与工程造价核对技巧、工程造价索赔与施工合同纠纷解决技巧、工程造价指标应用技巧等。

　　本书是笔者工作多年的实践经验积累，提供了近60个示范操作和案例分析，详细介绍了工程造价人员专业能力提升与实战所必备的技巧。本书既可以作为工程造价人员打开工程造价大门的培训教材，也适合工程造价专业技术人员学习参考。

责任编辑：徐仲莉　王砾瑶
版式设计：锋尚设计
责任校对：赵　菲

工程造价实战技巧
钟　实　著

*

中国建筑工业出版社出版、发行（北京海淀三里河路9号）
各地新华书店、建筑书店经销
北京锋尚制版有限公司制版
建工社（河北）印刷有限公司印刷

*

开本：787毫米×960毫米　1/16　印张：12¾　字数：224千字
2022年8月第一版　　2025年3月第三次印刷
定价：**58.00**元
ISBN 978-7-112-27537-3
（44328）

前　言

　　工程造价人员在建设工程领域发挥着举足轻重的作用，需要具有较强的专业综合能力。目前市场上关于工程造价人员提升专业综合能力方面的书籍不是很多，笔者作为一名有着20多年工程造价咨询工作经验的从业人员，有感而发，有一些专业积累和心得体会想与读者分享。

　　记得2018年，在广东省注册造价工程师继续教育培训中，笔者有幸被邀请担任授课老师，即兴想到"注册造价工程师的综合能力探讨"这个课题。笔者觉得每个注册造价工程师在执业生涯中，都有可能遇到一些"瓶颈"问题，笔者一直在思索如何解开这些"瓶颈"来提升个人的综合专业素养。每名工程造价人员所学的知识并不足以支撑从业一辈子，需要与时俱进，不断提升。国家政策在变化，社会在发展，知识在更新，如果没有及时提升自己的专业知识，在应对复杂多变的实务问题时将会感到手足无措。笔者相信，坚持就是胜利，工程造价人员只要一如既往地钻研工程造价专业知识，不断向行业前辈们取经，必定会有更多的专业积累与收获。

　　本书分享了笔者工作多年的专业与实践积累，提供了近60个示范操作和案例分析。书中阐述了工程造价行业的误差率、行为准则与法律责任，同时介绍了工程造价专业应知应会的知识以及学会如何从各类书籍中获取有效信息，最后着重阐述了工程造价人员专业提升与实战所必备的技巧，如工程量计算编制技巧、工程造价询价与工程成本测算技巧、招标工程量清单编制与工程结算审核技巧、工程造价成果质量复核与工程造价核对技巧、工程造价索赔与施工合同纠纷解决技巧、工程造价指标应用技巧等。

本书既可以作为工程造价人员打开工程造价大门的培训教材，对工程造价人员职业规划起到抛砖引玉的作用，也适合工程造价专业技术人员学习参考，希望本书能够帮助到更多的工程造价人员，这也是笔者的初衷！

虽然笔者在写作过程中一直保持严谨的态度，但是难免会有疏漏之处，敬请大家批评指正。如有意见或建议，请发送邮件至邮箱125829455@qq.com。

本书在编写及出版过程中得到社会各界人士的大力支持，笔者在此深表谢意！

钟实

2022年6月6日

目　录

第一章 走进工程造价行业

　　随着我国社会经济的迅猛发展，工程造价人员不断增加，工程造价行业竞争日趋激烈，工程造价人员要想成为一名德才兼备的复合型专业人才，并在专业方面具有一定的造诣，就应建立自己的核心技术，不断在学习和实践中提升自己。

　　工程造价人员要有职业规划，明白工程造价行业的相关规定，正确认识自己，用知识武装自己，为自己"镀金"，通过学习建立自己的核心技术，并在学习中找到快乐。工程造价虽然不是很简单，但也没有那么难，方法比努力更重要。

第一节　从工程造价行业的误差说起

　　各行各业都有自己的质量标准，无规矩不成方圆。标准是衡量成果的依据，有些刚步入工程造价行业的初学者并不十分了解本行业误差控制的重要性，也不了解工作失误与过错需要承担什么样的法律责任，甚至不当一回事，认为自己从学校毕业以后，就能够完全胜任工程造价这项工作，正所谓初生牛犊不怕虎。实际上，工程造价行业并没有这么简单。工程造价人员需要与大量的数据打交道，很容易出错，经常会有顾此失彼的情况，就算是工作多年的专业技术人员，稍不留神或不认真，就无法保证工程造价成果一定能够控制在合理的误差范围内。在实际业务中，工程造价人员都应以谨慎认真的态度来对待每一项业务，哪怕这项业务涉及的工程造价只有几千元或者几万元，决不能掉以轻心。

一、工程造价行业对误差的要求

工程造价行业对工程造价成果误差标准有相关规定。

（一）中国建设工程造价管理协会曾经颁发文件《建设工程造价咨询成果文件质量标准》CECA/GC 7-2012，其中对误差率的要求：

1. 第8.3.5条规定，同一招标项目，造价咨询企业同时编制工程量清单和招标控制价的，招标控制价的综合误差率应小于5%。

2. 第9.3.4条规定，发包人或承包人对造价咨询企业出具的竣工结算审查成果文件不认可，并未在成果文件的签署页上签名并盖章的，相同口径下，同一成果文件，竣工结算审查结果综合误差率应小于3%。

（二）实际工作要求

工程造价成果没有在合理误差范围内会被认为质量不合格。市场上工程造价成果的误差率通常认为是 ±3.00%，也可能会遇到一些委托人苛刻地要求控制在 ±1.00% 以内，甚至还会存在更苛刻的要求，这些苛刻的要求除了控制总工程造价的误差以外，还会控制每一项工程量清单误差，甚至每一项综合单价的误差。

在当前市场竞争激烈的前提下，工程造价咨询收费渐趋于费用更低的方向，而人力成本和物价逐年上升，委托人的要求却越来越高，对工程造价人员来说是一个不小的挑战。

二、工程造价误差的计算

以理论上正确的工程造价为基准，超过部分是正误差造价，低于部分是负误差造价，正误差造价绝对值与负误差造价绝对值的合计是总误差造价，误差率=（总误差造价/基准造价）×100.00%。公式中衡量误差率的基准造价是指委托人要求的计算规则和规定采用的材料及设备价格等约定的计价标准情况下编制或审核的理论工程造价。

误差有两个值，一个是数值的误差，另一个是比例的误差。在日常工作中，两个值都要控制好。

【示范一】比如一个项目工程造价是10000.00万元，误差率是3.00%，数值的误差是300.00万元。单从误差率来看，并不能够引起他人的重视，但如果再细看一下，数值有300.00万元是很惊人的。

【示范二】比如一个项目工程造价是10.00万元，数值的误差是1.00万元，误差率是10.00%。单从数值的误差来看，并不能够引起他人的重视，但换个角度来看，误差率10.00%是远超过行业标准的误差范围。

三、工程造价误差原因分析

工程造价误差形成的原因有很多，以下是因工程造价人员失误而导致工程造价成果误差产生的主要原因：

（一）工程量计算误差

1. 对工程量计算规则理解有误；

2. 对工程量计算缺少依据；

3. 对工程量计算范围理解有误；

4. 工程量测量错误，或测量精度不够；

5. 工程量计算列项存在错项与漏项；

6. 对图纸不熟悉或对图纸理解不透彻，导致工程量计算出现错计或漏计；

7. 对软件应用不熟悉、软件的代码用错或软件设置有误，导致工程量计算错误。

（二）材料及设备单价偏差

1. 询价没有做到货比三家或以上，询价工作落实不到位；

2. 闭门造车，没有调查市场或市场调查深度不足；

3. 对材料、设备的材质、工艺、参数及用途等不了解，导致询来的价格不准确；

4. 对材料及设备询价时，对税金、运输费及损耗等组成考虑不全；

5. 对材料及设备价格有约定信息价的，未按信息价执行；

6. 询价水平不高。

（三）取费问题

1. 对工程造价主管部门颁布的文件未能理解透彻，对文件执行时间应用错误，对安全生产措施费、其他项目费、税金等费率采用错误；

2. 重复或漏算取费。

（四）累加错误

1. 计算错误，加减乘除汇总错误；
2. 小数点输入错误。

（五）缺少施工经验

1. 缺少现场施工经验；
2. 不了解各专业相互关系，造成各专业之间界线划分错误；
3. 对图纸中各部件功能、工作原理不了解。

（六）工程量清单编制错误

1. 对工程量清单项目特征、工作内容描述错误；
2. 对工程量清单名称和编码使用错误；
3. 工程量清单有错项或漏项。

（七）定额组价错误

1. 对定额理解有误，定额组价把握不准确；
2. 对定额工作内容理解不清楚；
3. 对定额换算错误；
4. 不了解施工工艺，导致定额组价错误；
5. 没有合适定额组价的情况下，不会合理计价。

（八）其他原因

1. 业务时间太紧张，没有严格执行三级复核程序；
2. 承接非自己能力范围内的业务；

3. 不沟通或沟通缺失；

4. 工作经验不够丰富，理解存在偏差；

5. 工作不够细致，做事粗糙，达不到行业精度水平；

6. 一意孤行，不善于听取相关人员的意见和建议；

7. 原则性不强，违反职业道德；

8. 不求上进，学习投入时间较少。

工程造价人员要敬业谨慎，认真细致，切忌粗心大意，不能多算、少算、漏算及错算，尽量减少出错，把工程造价成果误差控制在合理范围内，满足业务要求，是委托人筑牢成本控制的重要防线。

工程造价成果的误差控制是工程造价首要掌握的核心技术，本书介绍各种工程造价技巧，目的是让工程造价人员能有效提高专业水平，并把工程造价成果误差控制在合理范围内，争取出品优质的工程造价成果。

第二节 工程造价行业的行为准则与法律责任

工程造价人员遵守行为准则是完成工程造价成果的基本保障。工程造价人员无论是有意还是无意的错误，违反原则或工程造价成果超过误差，都将会有承担相应法律责任的风险。

一、工程造价行业的行为准则

工程造价行业具有其特殊性，对于数据信息的保密工作尤其重要，职业道德建设是必须的。有良好职业道德的专业技术人员被认为是依法依规执业的技术人员，才会得到他人的信赖和尊重。

行业主管部门对工程行业职业道德建设有规范文件，包括对公司的执业行为准则及个人的职业道德行为。

（一）中国建设工程造价管理协会《工程造价咨询单位执业行为准则》（中价协〔2002〕第015号）要求：

第三条　按照工程造价咨询单位资质证书规定的资质等级和服务范围开展业务，只承担能够胜任的工作。

第四条　要具有独立执业的能力和工作条件，竭诚为客户服务，以高质量的咨询成果和优良服务，获得客户的信任和好评。

第五条　要按照公平、公正和诚信的原则开展业务，认真履行合同，依法独立自主开展经营活动，努力提高经济效益。

第七条　要"以人为本"，鼓励员工更新知识，掌握先进的技术手段和业务知识，采取有效措施组织、督促员工接受继续教育。

第八条　不得在解决经济纠纷的鉴证咨询业务中分别接受双方当事人的委托。

第九条　不得阻挠委托人委托其他工程造价咨询单位参与咨询服务；共同提供服务的工程造价咨询单位之间应分工明确，密切协作，不得损害其他单位的利益和名誉。

第十条　有义务保守客户的技术和商务秘密，客户事先允许和国家另有规定的除外。

（二）中国建设工程造价管理协会《造价工程师职业道德行为准则》（中价协〔2002〕第015号）要求：

第一条　遵守国家法律、法规和政策，执行行业自律性规定，珍惜职业声誉，自觉维护国家和社会公共利益。

第二条 遵守"诚信、公正、敬业、进取"的原则,以高质量的服务和优秀的业绩,赢得社会和客户对造价工程师职业的尊重。

第三条 勤奋工作,独立、客观、公正、正确地出具工程造价成果文件,使客户满意。

第四条 诚实守信,尽职尽责,不得有欺诈、伪造、作假等行为。

第六条 廉洁自律,不得索取、收受委托合同约定以外的礼金和其他财物,不得利用职务之便谋取其他不正当的利益。

第七条 造价工程师与委托方有利害关系的应当回避,委托方有权要求其回避。

第八条 知悉客户的技术和商务秘密,负有保密义务。

第九条 接受国家和行业自律性组织对其职业道德行为的监督检查。

(三)2020年2月19日,中华人民共和国住房和城乡建设部令第50号修正的《工程造价咨询企业管理办法》要求:

第二十六条 除法律、法规另有规定外,未经委托人书面同意,工程造价咨询企业不得对外提供工程造价咨询服务过程中获知的当事人的商业秘密和业务资料。

实务中对工程造价业务资料的保密工作、商业秘密及独立与公正等执行行为准则有着高度要求(图1-1)。如果工程造价人员不能遵守职业道德,就不会被委托人认可,其完成的工程造价成果可信度亦大大降低。也就是说,工程造价行业对专业技术人

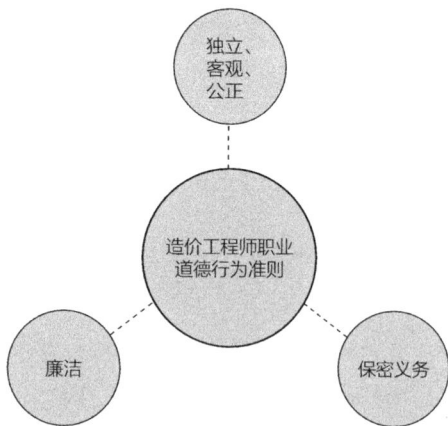

图1-1 造价工程师职业道德行为准则

员的职业道德要求很高，意义重大。

二、工程造价行业的法律责任

工程造价人员需要了解工程造价行业的相关法律责任，才能把握好工作尺度，时刻提醒自己要依法依规做事。

2020年2月19日，中华人民共和国住房和城乡建设部令第50号修正的《注册造价工程师管理办法》要求：

第十七条　注册造价工程师应当履行下列义务：

（一）遵守法律、法规、有关管理规定，恪守职业道德；

（二）保证执业活动成果的质量；

（三）接受继续教育，提高执业水平；

（四）执行工程造价计价标准和计价方法；

（五）与当事人有利害关系的，应当主动回避；

（六）保守在执业中知悉的国家秘密和他人的商业、技术秘密。

第十八条　注册造价工程师应当根据执业范围，在本人形成的工程造价成果文件上签字并加盖执业印章，并承担相应的法律责任。最终出具的工程造价成果文件应当由一级注册造价工程师审核并签字盖章。

第二十条　注册造价工程师不得有下列行为：

（一）不履行注册造价工程师义务；

（二）在执业过程中，索贿、受贿或者谋取合同约定费用外的其他利益；

（三）在执业过程中实施商业贿赂；

（四）签署有虚假记载、误导性陈述的工程造价成果文件；

（五）以个人名义承接工程造价业务；

（六）允许他人以自己名义从事工程造价业务；

（七）同时在两个或者两个以上单位执业；

（八）涂改、倒卖、出租、出借或者以其他形式非法转让注册证书或者执业印章；

（九）超出执业范围、注册专业范围执业；

（十）法律、法规、规章禁止的其他行为。

第三十四条　违反本办法规定，未经注册而以注册造价工程师的名义从事工程造价活动的，所签署的工程造价成果文件无效，由县级以上地方人民政府住房城乡建设主管部门或者其他有关部门给予警告，责令停止违法活动，并可处以1万元以上3万元以下的罚款。

第三十六条　注册造价工程师有本办法第二十条规定行为之一的，由县级以上地方人民政府住房城乡建设主管部门或者其他有关部门给予警告，责令改正，没有违法所得的，处以1万元以下罚款，有违法所得的，处以违法所得3倍以下且不超过3万元的罚款。

工程造价成果误差虽然难以避免，但是谁都不想出错，如果工程造价人员能够严格要求自己，按照规定程序执业，遵守职业道德，不违反原则，有义务主动把工程造价成果的误差控制在合理范围内，就能减少相关单位的损失，才能有效避免承担相应的法律责任。

第三节　工程造价人员能力提升要领

从学校毕业后，工程造价人员还要不断提升自己，可以从专业书籍中获取更多的知识，也可以经常到施工现场学习，还可以多向同行交流并取经。工程造价人员能力提升有以下几类：

一、学历的提升

学历虽然不代表实际工作能力，但学历的提升既能让我们学习到新知识，增加专业知识储备，又能够让自己的定位更高。有更高一级的学历，就会为自己赢取更多的机会。常见的学历层次有：

1. 中专学历；

2. 专科学历；

3. 本科学历；

4. 研究生学历。

工程造价人员根据个人的实际情况，更新完善自己的学历层次，与时俱进，学历是一道门槛，为自己寻找新工作、提升待遇、职称评定及报名执业考试创造了有利的基础条件，与个人职业发展紧密相关。

二、职业资格的考取

职业资格含金量很高，特别是一级造价工程师职业资格，是工程造价人员的梦想，一证在手，既是身份的象征，还可以在竞争过程中让自己有更大的胜算。工程造价人员可以参加的职业资格考试有：

1. 二级造价工程师职业资格；

2. 一级造价工程师职业资格；

3. 其他专业的职业资格。

其他专业的职业资格通常有一级建造师或二级建造师、监理工程师等与工程造价行业有关联的，通过职业资格考试也能掌握工程类的专业知识，提高工程造价人员的知识深度与广度。

职业资格是工程造价专业技术人员从事该项工作或企业资质评估的必备个

人资格。目前一级造价工程师职业资格考试全国统一大纲、统一命题并统一组织考试；二级造价工程师职业资格考试全国统一大纲，各省、自治区、直辖市自主命题并组织实施。

国家对造价工程师职业资格实行执业注册管理制度，取得造价工程师职业资格证书且从事工程造价相关工作的人员，经注册方可以造价工程师名义执业。

三、职称资格的提升

职称资格与工资福利挂钩，也是职位提升的参考条件，需要办理资质的企业都要具备一定数量的职称资格的专业技术人员。常见的建筑工程专业职称分为三个层次五个等级：

1. 初级职称（技术员、助理工程师）；

2. 中级职称（工程师）；

3. 高级职称（高级工程师、正高级工程师）。

职称作为专业技术人员学术和技术水平的标志，是专业技术人员从事某一职业经历和技能的证明，是广泛被社会承认的证书。职称需要专业技术人员具有一定的资历与工作业绩才能申报，并经相关评审委员会评审通过后方可颁发证书。

四、参与工程造价行业相关的社会工作

工程造价人员在具有较高学历、较高职称和职业资格的前提下，可以从事以下这些与工程造价行业相关的社会工作，一般是兼职，但能够让工程造价人员在行业中建立专业权威，提高自己在行业中的知名度：

1. 职称评委；

2. 评标专家；

3. 行业专家委员会成员；

4. 仲裁员；

5. 参与编写造价工程师相关教材；

6. 参与行业课题编写；

7. 为企业进行专业指导与授课；

8. 为工程造价人员进行培训；

9. 著书立说；

10. 为行业做有意义的公益事业，为同行解答专业问题，照亮他人，成就自己。

工程造价人员拥有学历、职称、职业资格，并不代表其绝对具有很强的工作能力，具体还是看个人的实际综合素质。有些东西是可遇不可求的，但只要工程造价人员有足够的正能量，请教名师，勇攀高峰，实现自己的人生价值，未尝不是一件好事。笔者根据多年的工作经历得知，并不是每一名工程造价人员都有机会得到名师指引。有一些工程造价人员没有得到正确的指引，走了不少弯路，随着时间的推移，专业成长较慢；也有一些工程造价人员的专业水平停步不前，没有坚持走专业路线，未能更新自己的知识结构。工程造价人员毕业以后，如果能在纪律严明的单位工作和学习，跟随名师学习，必定大有收益。

工程造价人员需要德才兼备，以德为先，才能真正修成正果，也不能片面地为了追求学历、职称、职业资格及荣誉而忽略了品德的修行。

第二章　工程造价人员需要具备的知识

前一章介绍了工程造价行业的误差、行为准则及法律责任，而本章主要对工程造价人员需要具备的知识进行介绍。

工程造价专业综合性强，对工程造价人员要求也较高，为适应经济高速发展的需要，工程造价行业需要一专多能的综合性人才。综合性人才需具备各种相关知识，既会技术，又懂管理；既懂专业，又能协调；既懂土建，又会安装；既能编制，又会审核；既能写作，又会表达。这样的人才是能够走在社会前沿的人才，是有顽强生命力的人才，不会轻易被社会所淘汰。综合性人才不仅在工程造价行业受到青睐，在其他行业也一样受到青睐。

具备综合性能力的工程造价人员知识面广，知识储备量大，绝不限于精通工程造价专业知识，还应熟悉关联专业知识，并且要培养其情商，才能轻松地应对复杂多变的实务工作。

第一节　工程造价专业分类

工程造价专业分类很多，每个专业都有不同的计算规则和规定，以下是常见的工程造价专业分类：

1. 建筑工程造价；

2. 装饰装修工程造价；

3. 安装工程造价；

4. 市政工程造价；

5. 园林工程造价；

6. 修缮工程造价；

7. 水利工程造价；

8. 公路工程造价；

9. 地铁工程造价；

10. 铁路工程造价；

11. 桥梁工程造价；

12. 内河航运水工工程造价。

安装工程造价细分为大小专业几十种，常见的有电气设备安装工程、建筑智能化工程、自动化控制仪表安装工程、通风空调工程、工业管道安装工程、消防工程、给水排水工程、供暖工程、燃气工程、机械设备安装工程、通信设备及线路工程、刷油工程、防腐蚀工程、绝热工程、热力设备安装工程、静置设备与工艺金属结构制作安装工程、化工工程、太阳能工程等。

建筑智能化工程又能细分为几十种小的系统工程，属于新兴蓬勃发展的专业，更新换代较快，目前能胜任这个专业的人才较为紧缺。

工程造价专业分类虽然很多，但各个专业都是相通的，学习方法和业务处理方法基本上大同小异。以上工程造价专业有些是比较传统的专业，比如土建工程、装饰装修工程、市政工程、园林工程、修缮工程、水利工程、公路工程等；有些建造成本相对较大，比如公路工程、地铁工程、铁路工程、桥梁工程、内河航运水工工程。至于安装工程，其特点是专业分类非常多，新技术较多，设备换代提升也十分迅猛，但安装工程是非常实用的专业，是任何建设工程都必须具备的专业。

工程造价人员应对自己的专业能力做到心中有数，结合自己的实际情况分析，要清楚自己能胜任或更加擅长什么专业的工程造价业务，什么专业工程造价业务是自己感到难以理解的，什么专业工程造价业务是自己无从下手的。人各有所长，要根据自己的能力选择适合的专业，将潜能发挥到最优。

第二节　工程造价人员基本要求

工程造价人员在工作中应该按规定执业，责任心要强，不能违反原则，这样才能在社会上走出一条平衡的职业道路，才能建立良好的口碑及树立自己的专业形象。工程造价人员的基本要求有：

1．遵纪守法，遵守职业道德，坚持原则，热爱工程造价专业工作；

2．德才兼备，以德为先，维护工程造价行业权威形象，用自己的专业技能为行业做出应有的贡献；

3．专业知识丰富，熟练应对工程造价相关业务；

4．一专多能，在一个专业领域熟练掌握之后，对其他相关专业也有所涉猎；

5．工程造价成果质量符合相关要求，不漏项、不少算、不重算、不多算及不虚算；

6．严谨与实事求是的工作态度；

7．工作细心，工作效率高，为委托人提供高质量的服务；

8．有沟通和协调能力，发现问题要及时解决，培养解决疑难问题的能力；

9．有一定的写作能力和语言表达能力；

10. 做一个时间观念强的专业人员；

11. 诚实守信是做人之根本；

12. 虚心好学，不耻下问，上进心强，不断学习新知识，与时俱进。

工程造价人员除了掌握基本要求外，在工作中还应劳逸结合，身体是革命的本钱，这也是胜任工作的基础。

第三节　工程造价人员应知应会知识

一、工程造价人员应知应会基本知识

工程造价人员在日常工作中应用的知识综合性较强，本节介绍以下常见的应知应会基本知识：

（一）掌握建筑识图

工程造价人员只有深入了解设计图纸，才能进行工程造价的核算。

（二）掌握各专业定额

消耗量定额是合理确定和有效控制工程造价、衡量工程造价合理性的基础，是编制或审核设计概算、施工图预算、招标控制价、竣工结算的依据，是处理工程造价纠纷、鉴定工程造价的依据，也是作为企业投标报价、加强内部管理和核算的参考。定额是工程造价人员在执业工作中应用最广泛的依据。

定额的分类很多，主要可以按用途分类和按专业分类，如以下定额的分类：

1. 按用途分类，包括施工定额、预算定额、概算定额、概算指标及投资估算指标等，这些定额各有各的用途，适合工程不同造价阶段业务的需要，没有孰轻孰重的划分，较常用的是预算定额和概算定额；

2. 按专业分类，包括建筑及装饰工程定额、房屋修缮工程定额、市政工程定额、安装工程定额、园林绿化工程定额、铁路工程定额、公路工程定额、水利工程定额、矿山井巷工程定额及内河航运水工建筑工程定额等。

（三）掌握工程量清单计价标准

目前国家推行清单计价，工程造价人员应掌握现行国家标准《建设工程工程量清单计价标准》GB/T 50500—2024的内容。工程量清单是建设工程文件中载明项目编码、项目名称、项目特征、计量单位、工程数量等的明细清单。

熟练掌握现行国家标准《建设工程工程量清单计价标准》GB/T 50500—2024中的工程量计算规则、清单项目特征描述注意要点以及清单所包含的工作内容等事项，做到不少算、不漏算及不多算，这是对工程造价人员职业素养的基本要求。

（四）掌握钢筋平法规则

平法是"钢筋平面整体表示方法"的简称，包括平法的标注形式，是给从事工程结构设计、工程施工及工程造价等专业技术人员看图的一种标注方法，钢筋平法规则是计算钢筋工程量的基本规则。

（五）熟悉混凝土结构设计规范

熟悉现行国家标准《混凝土结构设计规范》GB 50010（2024年版），对计算钢筋工程量和混凝土工程量建立理论基础。

（六）熟悉施工质量验收规范

工程造价人员熟悉各类工程施工质量验收规范，如现行国家标准《建筑地面工程施工质量验收规范》GB 50209、《建筑给水排水及采暖工程施工质量验收规范》GB 50242等，才能了解施工质量标准是什么，什么样的质量才是合格工程，竣工验收合格的工程才能进行工程结算。

（七）熟悉民用建筑设计规范及相关专业的设计规范

民用建筑设计规范及相关专业的设计规范，是工程造价业务资料的重中之重。如果一个工程造价人员不熟悉设计规范，设计图纸内容有错漏、设计标准不达标、没有设计大样和节点或没有深化设计的内容，将无法编制相对准确的工程造价成果。如果熟悉设计规范，出现设计不完善的情况时，工程造价人员才能提出问题并与设计单位沟通，为委托人提出合理优化建议，节约工程成本。

（八）熟悉施工规范

工程的进度、质量、安全及成本如何控制，要建立在施工是否符合规范的前提下。

（九）熟悉施工技术

熟悉施工技术，可以了解施工的先后顺序、施工工期、材料及设备合理进场时间、工期延误是哪方主体的责任等，工程造价人员只有熟悉施工技术，才能对这方面有所思考，才有助于应用到具体工程造价工作中。

（十）熟悉施工组织设计

施工组织设计是指导施工项目全过程各项活动的技术、经济和组织的综合性文件，是施工技术与施工项目管理有机结合的产物，它能保证工程开工后施工活动有序、高效、科学合理地进行。工程造价人员需要熟悉施工组织设计，判断施工工期的合理性、工序的关键路线等，这些知识与工程造价业务息息相关。因为施工组织设计需经总监理工程师审批后才能实施，工程造价人员所接触的施工组织设计也需经过总监理工程师审批后方才有效。

（十一）熟悉施工工艺

工程造价人员判断定额的组成、措施项目的标准及适用的定额子目等的前提是需要熟悉施工工艺。比如装配式建筑工程、钢结构工程、木结构工程、铝模板及爬架工程、清水墙工程、海绵城市工程、绿色建筑工程、节能工程及光伏发电工程等是目前的热点，施工工艺要列入学习规划并实时更新，并在工程造价业务中应用。

（十二）熟悉施工方案

施工方案有专项方案，比如高支模工程、脚手架工程、基坑支护工程及桩基础工程等，有些可能会比编制工程造价应用的定额标准要求要高，就会出现调整工程造价的情况。工程造价人员要熟悉专项方案，才能提高编制工程造价成果的准确性。

（十三）熟悉房屋建筑构造

工程造价人员要熟悉房屋建筑构造，熟悉构造中每个部件的工作原理、功能与设计标准，而不是不经推敲直接使用设计图纸，要知其然且知其所以然。

（十四）熟悉结构力学

工程造价人员熟悉结构力学，可以充分理解钢筋的设计思路，帮助理解受力钢筋及构造钢筋等配筋。

（十五）熟悉测量技术

工程造价人员在工程造价业务过程中，会经常到工程现场测量一些工程量，熟悉测量技术能让工程造价人员如虎添翼，获取更高精度的尺寸。

（十六）熟悉建筑材料

工程造价人员对常见的建筑材料的施工原理、性能、用途、构成及价格等方面都要熟悉。

（十七）掌握工程造价信息、材料及设备市场价格信息

工程造价人员需要多走访五金店、装饰材料城、绿化苗木厂、石材厂及预制构件厂等，还要留心市场劳务分包单价、模板及脚手架等周转材料的市场价格信息。

（十八）掌握计算机应用和信息管理技术

工程量计算软件、计价软件、文字处理软件、看图软件及BIM软件等工程造价行业常用的软件，不仅有助于工程造价人员提高工作效率，还有助于工作资料进行信息化管理。

工程造价人员需要掌握计算机应用和信息管理技术，但也要注意软件会有出错的时候，平时对工程造价成果要多备份，可以每半天备份一次，有效避免文件丢失或受病毒感染，养成管理文件的好习惯。

（十九）掌握招标流程，懂施工招标投标技术

工程造价人员要掌握招标流程，熟悉施工招标投标技术。施工招标投标是严肃的，工程造价人员要学会编写招标文件和投标文件，需要熟悉并发现招标

文件与投标文件中存在的问题，提出建设性的建议，以及清楚招标文件与施工合同的相互关系。

（二十）掌握施工合同，会处理复杂的施工合同纠纷

施工合同是工程造价的主要依据，施工合同条款的内容包括一个工程中涉及的所有重要文件，主要合同条款有工程质量、工期、造价、工程款支付等的约定。工程造价人员需掌握施工合同中的所有条款。

（二十一）具备一定的文字功底

文字功底是个人的书面表达能力。工程造价人员的工作离不开文字及数据，会经常起草工程量清单编制说明、审核报告、会议纪要，以及对招标文件及施工合同的把关，如果不具备一定的文字功底，起草的文件就不够严谨，言不达意。

（二十二）有较强的表达能力

表达能力指用词准确、语意明白、语句简洁、语言平易及合乎规范等，能把客观概念口头表述得清晰、准确、连贯及得体，口才是语言表达能力的一种体现，唯美的语言是个人素质的体现，更多来自于教育与后天的学习。工程造价人员对工作的汇报及工程造价的核对，都需要具备较强的表达能力。

（二十三）修炼德行

修炼德行能提高自己的思想道德修养，有助于更好、更规范地完成自己的工作。做事先做人，人做好了，发展才能更好。

工程造价人员特别要深入研究现行的工程量清单计价标准、定额、计价文件及造价软件等，既然选择在这一专业上奋斗，学习这些专业知识是必须的，

不能轻视。

工程造价人员不要认为操作计价软件、看一些定额就可以把工程造价业务做好，其实并非如此。工程造价专业知识面广，要做一个一专多能的复合型人才，就需要下定决心踏踏实实深耕几年，把工程造价相关知识认真学习领会，才能在工作中灵活应用，从简单的项目做到复杂的项目，需要有自己的核心技术才能将工程造价业务驾驭自如。

以上列举的工程造价人员应知应会的知识比较多，笔者认为一名合格的工程造价人员对这些知识必须强化学习，可以通过阅读相关的书籍进行定期充电，将所学知识应用到工作中。在实际业务中，还会涉及知识转换问题，有些人就算学习了这些知识，也不一定会灵活应用，解决这个问题就需要充分将理论与实践相结合，多参与编制或审核工程造价成果文件，毕竟理论与实践相结合是最快速提升专业的方法。

二、工程造价人员应知应会相关知识

工程造价人员应熟练查询常用的工具书、关注行业网站和应用常用的工程测量工具，这些都是应知应会的相关知识。

（一）标准图集

建筑工程、结构工程、电气工程、给水排水工程等各个专业都有常用的标准图集可以查询。

（二）五金手册

五金手册是系统地介绍五金材料及产品的品种、规格、性能及用途的工具书，其主要内容包括金属材料相关知识、常用金属材料的化学成分及力学性能、常用五金材料的规格及理论重量、建筑五金件、安装管材、铝合金型材、电线、电缆、开关及插座等相关内容，具有极强的实用性，是工程造价人员要经常查询的工具书。

（三）材积表

材积表按计量的对象分为原木、立木和原条材积表，可用于查询计算松木桩的工程量。比如原木桩工程量按林业主管部门颁发的原木材积表以"m³"计算。

（四）材料密度

材料密度是材料在特定的体积状态下，单位体积的质量。按照材料体积状态的不同，材料密度可分为实际密度、表观密度和堆积密度等。钢材的密度是 $7.85t/m^3$、铜的密度是 $8.96t/m^3$、铝的密度是 $2.70t/m^3$ 及混凝土的密度是 $2.50t/m^3$ 等，这些都需要会查询及运算。

（五）几何体计算公式

工程造价人员要熟练掌握几何体计算公式，甚至是复杂的几何形状计算，比如土方与石方工程、园林建筑铺装工程、高级装修工程、外墙装修工程、零星工程的节点及线条等工程量的计算。

（六）工程测量工具的应用

常用的工程测量工具有全站仪、水准仪、激光测斜仪、游标卡尺、轮式测距仪、塔尺、锤子、钉子、自喷漆、记号笔、比例尺、钢卷尺、盒尺、皮尺及计算器等。

（七）关注国家级、省级及市级等工程造价管理部门网站与造价行业协会网站

这些行业的网站经常会公布最新的工程造价方面的文件，工程造价人员应该及时关注动态。常见的有定额的勘误、解释、补充、修改及计价文件等的颁发。

（八）相关网站的论坛专业讨论

互联网上有很多提供给工程造价人员学习与交流的论坛，比如工程造价论坛、钢筋平法论坛及施工技术论坛等，论坛交流中的观点不一定正确，尽信书则不如无书，在交流学习中多用辩证思维，要懂得判断，做到取其精华，去其糟粕。

第四节　工程造价专业与其他专业的关联

一、工程造价专业与设计专业的关联

工程造价专业与设计专业的关联非常密切。

（一）工程造价人员在编制或审核工程造价业务时，对设计的理解透彻是工程造价成果的必要保障

工程造价人员在编制或审核工程造价业务时，关键环节是对设计图纸有深度的理解，如果对设计图纸理解得不够透彻，计算工程量或定额组价都会出

错。因此，工程造价人员在业务过程中要多与设计人员进行沟通，把设计人员的设计思路搞清楚。如果对设计图纸不清楚，就要及时梳理汇总，并及时与设计人员沟通。

（二）工程造价人员在设计阶段发挥重要作用

设计阶段是控制工程造价的主要阶段，如果设计严谨、详细、全面，工程造价的控制就会有事半功倍的效果，如果设计不够详细，连基本的设计内容都不齐全，工程造价人员就需更加注意和细心，否则经多次调整的工程造价成果也难以达到理想效果。

（三）工程造价人员参与建设工程全生命周期投资的控制

设计费只占建设工程全生命周期投资很小的比例，但设计对工程造价的影响是重中之重的。设计对整个建设工程的效益至关重要，实务中工程造价人员要建立事前控制的理念，一旦施工图完成并开始招标后，工程造价控制很难再进行大幅度的控制调整。

工程造价专业与设计专业关联很紧密，也是必需的关联，要不断学习设计规范，增强造价控制的意识和观念，如果仅为了得出工程造价成果而编制工程造价，这样的工程造价成果参考价值并不高。

关于工程造价人员对设计专业的意义，在本书第十章"为委托人提出建设性的建议"这节中进行详细的讲解。

二、工程造价专业与施工专业的关联

工程造价人员要学习施工专业知识，不了解施工技术专业知识，工程造价在业务方面仅是纸上谈兵。

（一）施工工艺的熟悉

工程造价人员要多熟悉资料，在不熟悉施工工艺时就开始计算，工程造价成果会错漏百出，也没有任何参考意义。工程造价人员对不精通的知识点不用担心，只要有执着的心态及谨慎的态度，多方请教，正确地应对，定能收到令人满意的效果。比如在计算桩基础工程时，要知道桩基础工程有人工挖孔桩、预应力钢筋混凝土管桩、旋挖桩、搅拌桩等多种设计形式，如果对这些桩基础工程的施工工艺不熟悉，计价时就容易出现漏项或多计，当前套用的定额中包括哪些内容、不包括哪些内容，只有熟悉施工工艺后才能正确判断。

（二）施工组织的熟悉

工程造价人员对施工组织的熟悉在控制造价过程中起到关键作用，比如施工总平面图的布置会对塔式起重机工程量的计算有影响，各分部分项工程的施工先后顺序对材料及设备价格有影响，网络进度计划或横道图的工期计划与工程索赔有着密切的关联。

（三）施工技术标准的熟悉

根据施工技术的质量标准、验收标准来判断合格的完工工程量，哪些是可以计价的，比如预应力管桩基础因承包人原因打桩打偏了，超出规定的标准，重新补打的桩就不应计算工程造价，返工费用由承包人承担。

（四）要有施工经验

有些工程造价人员没有施工经验，浅显地认为在办公室看图纸、计算工程量，再加上计价软件的应用就可以编制出一份准确的工程造价成果，但这样得到的工程造价结果经不起专业技术人员的考验。

如果没有施工经验，工程造价人员计算工程量时就可能看不懂设计图纸，或对设计图纸理解不完善，容易出现多算或少计、漏计的情况；计价时对施工工艺不熟悉，定额组价就会产生很大的差异。有些在设计图纸反映不出来但施工中又是实际发生的工作内容，很容易被工程造价人员忽略。比如地下室外墙的止水螺杆、预埋套管、马凳钢筋、分布筋、洞口加固钢筋、大型机械的安装及拆除、大型机械进退场、幕墙的预埋铁件及植筋等，这些在实际设计图纸中往往不是十分明确，但有施工经验的工程造价人员就会充分考虑到这些工作内容。

工程造价人员学习这些知识的途径很多，可以从多方面进行学习，比如亲临施工现场、查看工具书籍、查看网上施工视频及查看教学视频等。目前学习资料非常丰富，只要想学就可以学习到，要多想、多问及多思考。

三、工程造价专业与税务专业的关联

工程造价专业与税务专业联系非常紧密，税金是工程造价的重要组成部分，工程造价人员往往对税金的理解比较困难，因为税法属于跨专业，工程造价人员研究较少。

我国现行的税制就其实体法而言，是中华人民共和国成立后经过几次较大的改革逐步演变而来的，主要是经1994年税制改革后形成的，按征税对象大致分为以下五类：

（一）税收种类

1. 商品（货物）和劳务税类

（1）增值税；

（2）消费税；

（3）关税。

这些税种主要在生产、流通或服务业中发挥调节作用。

2．所得税类

（1）企业所得税；

（2）个人所得税；

（3）土地增值税。

这些税种主要是对生产经营者的利润和个人的纯收入发挥调节作用。

3．财产税和行为税类

（1）房产税；

（2）车船税；

（3）印花税；

（4）契税。

这些税种主要是对某些财产和行为发挥调节作用。

4．资源税和环境保护税类

（1）资源税；

（2）环境保护税；

（3）城镇土地使用税。

这些税种主要是对因开发和利用自然资源差异而形成的级差收入发挥调节作用。

5．特定目的税类

（1）城市维护建设税；

（2）车辆购置税；

（3）耕地占用税；

（4）船舶吨税；

（5）烟叶税。

这些税种主要是为了达到特定目的，对特定对象和特定行为发挥调节作用。

（二）建筑行业常见的税收解释

建筑行业的税收种类较多，每种税的征收情况不一样，工程造价人员应进行了解。

1. 增值税

增值税是以商品和劳务在流转过程中产生的增值额作为征税对象而征收的一种流转税。增值税是建筑行业最重要的税种，工程造价人员应该懂得计算原理。

（1）增值税一般纳税人发生应税销售行为的应纳税额，除适用简易计税方法外，均应该等于当期销项税额抵扣当期进项税额后的余额。其当期应纳税额计算公式为：

当期应纳税额=当期销项税额-当期进项税额

（2）纳税人发生应税销售行为适用简易计税方法的，应该按照销售额和征收率计算应纳增值税税额，并且不得抵扣进项税额。其应纳税额计算公式为：

应纳税额=销售额（不含增值税）×征收率

（3）建筑施工增值税一般纳税人适用的税率为9%，小规模纳税人适用的税率为3%。

（4）建筑行业增值税计算。

【示范一】某建筑施工有限公司，适用一般计税方法，该公司承接的某工程结算工程总造价为6000.00万元，采购材料3600.00万元，供应商开具的发票为13%专用发票，不考虑其他进项发票事项。

增值税销项税额=［6000.00万元/（1+9%）］×9%=495.41（万元）。

增值税进项税额=［3600.00万元/（1+13%）］×13%=414.16（万元）。

应纳增值税额=495.41万元−414.16万元=81.25（万元）。

【示范二】某建筑施工有限公司，适用简易计税方法，该公司承接的某工程结算工程总造价为310.00万元，采购材料190.00万元。

增值税销项税额=［310.00万元/（1+3%）］×3%=9.03（万元）。

应纳增值税额=9.03万元，简单计税方法不能进行抵扣进项增值税。

2. 城市维护建设税

城市维护建设税，又称城建税，是以纳税人实际缴纳的增值税、消费税税额为计税依据，依法计征的一种税，按实际缴纳的增值税税额计算缴纳，适用税率分别为7%（城区）、5%（郊区）、1%（农村）。其应纳税额计算公式为：

应纳税额=企业实际缴纳的增值税×税率计算

3. 印花税

印花税是对经济活动和经济交往中书立、领受具有法律效力的凭证的行为所征收的一种税，适用的税率为：

（1）财产租赁合同、仓储保管合同、财产保险合同，适用税率为0.1%，不足1元的按1元计算；

（2）加工承揽合同、建设工程勘察设计合同、货运运输合同、产权转移书据，税率为0.05%；

（3）购销合同、建筑安装工程承包合同、技术合同，税率为0.03%；

（4）借款合同，税率为0.005%；

（5）营业账簿，按"实收资本"和"资金公积"合计的0.05%贴花；

（6）权利、许可证照，按件定额贴花5元。

4. 企业所得税

企业所得税是对我国境内的企业和其他取得收入的组织的生产经营所得和其他所得征收的一种税。企业所得税的作用主要有：

（1）促进企业改善经营管理活动，提升企业的盈利能力；

（2）调节产业结构，促进经济发展；

（3）为国家建设筹集财政资金。企业所得税的基本税率为25%，根据企业所得税法的规定，有一系列的税收优惠政策，具体以实际企业情况享受的优惠政策计算为准。

5. 房产税

房产税是以房屋为征税对象，按照房屋的计税余值或租金收，向产权所有人征收的一种财产税，一种是按房产原值一次减除10%～30%后的余值征税，税率为1.2%；另一种是按房产出租和租金收计征，税率为12%。

6. 个人所得税

个人所得税主要是以自然人取得的各类应税所得为征税对象而征收的一种所得税。个人所得税的纳税义务人，包括中国公民、个体工商户、个人独资企业、合伙企业投资者、在中国有所得的外籍人员（包括无国籍人员）和香港、澳门、台湾同胞。

个人工资的个人所得税计算公式为：应纳税额=（工资薪金所得–"五险一金"–扣除数）×适用税率–速算扣除数，可以使用查询个人所得税计算工具进行计算。

7. 城镇土地使用税

城镇土地使用税是以国有土地为征税对象，对拥有土地使用权单位和个人征收的一种税。城镇土地使用税采用定额税率，即采用有幅度的差别税额，按大、中、小城市和县城、建制镇、工矿区分别规定每平方米土地使用税年应纳税额。具体标准如下：

（1）大城市1.5～30元；

（2）中等城市1.2～24元；

（3）小城市0.9～18元；

（4）县城、建制镇、工矿区0.6～12元。

其应纳城镇土地使用税额计算公式为：

应纳城镇土地使用税额=应税土地的实际占用面积×适用单位税额

建筑行业的税率，如有其他优惠政策的，根据实际情况以其他优惠政策进行调整缴纳税费。

（三）教育费附加及地方教育附加

1. 教育费附加

教育费附加是为了加快地方教育事业、扩大地方教育经费的资金而征收的一项专用基金，税务机关依法足额征收教育费附加，由教育行政部门统筹管理，主要用于实施义务教育。教育费附加按实际缴纳增值税的税额计算缴纳，适用税率为3%。

其应纳税额计算公式为：

应纳税额=企业实际缴纳的增值税×税率计算

2. 地方教育附加

地方教育附加税是省、自治区、直辖市人民政府根据国务院的有关规定，可以决定开征用于教育的地方附加费，专款专用。地方教育附加税按实际缴纳增值税的税额计算缴纳，地方教育附加2%。

其应纳税额计算公式为：

应纳税额=企业实际缴纳的增值税×税率计算

建筑行业的教育费附加及地方教育附加，如有其他优惠政策的，根据实际情况以其他优惠政策进行调整缴纳。

（四）小规模纳税人与一般纳税人区别

增值税纳税人分为小规模纳税人和一般纳税人。

小规模纳税人是指年销售额在规定标准下，并且会计核算不健全，不能按规定报送有关税务资料的增值税纳税人。小规模纳税人的特点是增值税进项税额不可以抵扣销项税额。

一般纳税人是指年应征增值税销售额超过财政部规定的小规模纳税人标准的企业和企业性单位。一般纳税人的特点是增值税进项税额可以抵扣销项税额。

（五）建筑行业简易计税和一般计税方法解释

根据《财政部 国家税务总局关于全面推开营业税改征增值税试点的通知》（财税〔2016〕36号）的规定，建筑行业增值税计税方法分为简易计税方法和一般计税方法。

1. 简易计税方法

（1）清包工方式提供的建筑服务。一般纳税人以清包工方式提供的建筑服务，可以选择适用简易计税方法计税。

以清包工方式提供建筑服务，是指施工方不采购建筑工程所需的材料或只采购辅助材料，并收取人工费、管理费或者其他费用的建筑服务。

（2）为甲供工程提供的建筑服务。一般纳税人为甲供工程提供的建筑服务，可以选择适用简易计税方法计税。

甲供工程，是指全部或部分设备、材料、动力由工程发包方自行采购的建筑工程。

（3）为建筑工程老项目提供的建筑服务。一般纳税人为建筑工程老项目提供的建筑服务，可以选择适用简易计税方法计税。建筑工程老项目是指《建筑工程施工许可证》注明的合同开工日期在2016年4月30日前的建筑工程项目或未取得《建筑工程施工许可证》的，建筑工程承包合同注明的开工日期在2016年4月30日前的建筑工程项目。

（4）建筑行业小规模纳税人，按3%简易计税征收。

2．一般计税方法

除以上简易计税方法之外，采用一般计税方法进行核算。

工程造价人员对税法知识并不敏感，没有太多深入研究，在工程造价业务中经常会遇到税率纠纷的情况，需要懂得税法才能轻松解决。税法属于另一个专业知识，工程造价人员也要了解与建筑行业相关的税法知识。

四、工程造价专业与法律专业的关联

工程造价专业与法律专业关联很多，工程造价人员都应认真研读。

（一）掌握《中华人民共和国民法典》

《中华人民共和国民法典》已由中华人民共和国第十三届全国人民代表大会第三次会议于2020年5月28日通过，自2021年1月1日起施行。《中华人民共和国民法典》是中华人民共和国第一部以法典命名的法律，在法律体系中居于基础性地位，也是市场经济的基本法。民法调整平等主体的自然人、法人和非法人组织之间的人身关系和财产关系。民事主体的人身权利、财产权利以及其他合法权益受法律保护，任何组织或者个人不得侵犯。

《中华人民共和国民法典》的施行是希望在每一个行业中能营造出公平、公正、公开的诚信环境，建筑行业里每一个工程造价人员对法律、法规应有敬畏之心。

（二）掌握《中华人民共和国建筑法》

《中华人民共和国建筑法》经1997年11月1日第八届全国人大常委会第28次会议通过；分为总则、建筑许可、建筑工程发包与承包、建筑工程监理、建筑安全生产管理、建筑工程质量管理、法律责任、附则共计8章85条，自1998年3

月1日起施行。

修改后的《中华人民共和国建筑法》经中华人民共和国第十三届全国人民代表大会常务委员会第十次会议于2019年4月23日通过，自决定公布之日起施行。

《中华人民共和国建筑法》是规范我国建筑行业重要的法律依据。

（三）掌握《中华人民共和国招标投标法》

《中华人民共和国招标投标法》是为了规范招标投标活动，保护国家利益、社会公共利益和招标投标活动当事人的合法权益，提高经济效益，保证项目质量制定的法律。

下面对工程造价专业与法律专业的关联举例示范。

【示范一】《中华人民共和国民法典》第五百三十三条规定，合同成立后，合同的基础条件发生了当事人在订立合同时无法预见的、不属于商业风险的重大变化，继续履行合同对于当事人一方明显不公平的，受不利影响的当事人可以与对方重新协商；在合理期限内协商不成的，当事人可以请求人民法院或者仲裁机构变更或者解除合同。人民法院或者仲裁机构应当结合案件的实际情况，根据公平原则变更或者解除合同；第七百九十五条规定，施工合同的内容一般包括工程范围、建设工期、中间交工工程的开工和竣工时间、工程质量、工程造价、技术资料交付时间、材料和设备供应责任、拨款和结算、竣工验收、质量保修范围和质量保证期、相互协作等条款；第七百九十九条规定，建设工程竣工后，发包人应当根据施工图纸及说明书、国家颁发的施工验收规范和质量检验标准及时进行验收。验收合格的，发包人应当按照约定支付价款，并接收该建设工程；第八百零三条规定，发包人未按照约定的时间和要求提供原材料、设备、场地、资金、技术资料的，承包人可以顺延工程日期，并有权请求赔偿停工、窝工等损失。

【示范二】《中华人民共和国建筑法》第十八条规定，建筑工程造价应当按照国家有关规定，由发包单位与承包单位在合同中约定。公开招标发包的，其造价的约定，须遵守招标投标法律的规定。发包单位应当按照合同的约定，及时拨付工程款项。

工程造价专业与法律专业的关联比较密切，工程造价人员要多学习法律知识，在工作中能够随时会应用。

每一个专业都有自己的基本功与外功，二者属于综合能力的组成部分，单纯修炼基本功而忽略了外功的学习，有时候达不到高层次的效果，单纯修炼外功而忽略了基本功的学习，结果也是不理想的。基本功就是基础，没有基础就站不住脚。基本功主要是专业知识，外功主要是个人素质（比如道德素质、心理素质、写作能力、语言表达能力及交际能力等），用人单位往往更注重后者的能力。因为，专业知识通过培养比较容易提高，而个人素质的培养相对较难提升。

工欲善其事，必先利其器。有些工程造价人员工作效率低，很大原因是自己储备的知识不足，且知识面不够广，没能达到一定的深度。若要有所改变就要对应知应会知识下工夫，找相关书籍进行深入学习，虚心向他人求教。从理论上来说，世界上没有两个一模一样的工程项目，由于设计、位置及时间等因素是多变的，但万变不离其宗，把应知应会知识都熟悉掌握，保持严谨的工作态度，工程造价人员才能做出好的工程造价成果，这样的工程造价成果才有参考价值，才是工程造价人员个人价值的体现。

工程造价人员应知应会知识很多，以上仅以点带面提及，有助于工程造价人员扩展自己的知识结构。作为工程造价人员，不仅要学习工程造价专业知识，还要熟悉其他关联专业的知识，否则想做到得心应手和全面发展会很困难。限于篇幅，本书无法罗列太多，工程造价人员可以根据本章所列举的提纲找到提升自己专业知识的方向，只要方向是正确的，一切的努力都会有好的结果。

第三章 从工程造价资料中获取有效信息的技巧

本章主要介绍如何从工程造价资料中获取有效信息。常见的定额，通过笔者的讲解，工程造价人员能够举一反三地掌握，提高平时的学习效率，理解性地记忆定额，并不是简单的死记硬背，要知道方法比努力更重要。

每个地区的定额虽然略有差异，但获取有效信息的技巧是一样的，一本定额中一般都超过上千个定额子目，很难也没有必要全部背诵下来。但如果工程造价人员对定额没有达到一定的熟悉程度，工作中没有印象，用的时候感觉知识面匮乏，记忆甚少，就会影响工作效率和准确性。当理解性记忆的知识多了，存储多了，工作就会"轻车熟路"，实在记不住还是可以查询的。笔者以《广东省房屋建筑与装饰工程综合定额2018》及《广东省通用安装工程综合定额2018》的个别子目进行讲解，其他地区从定额获取有效信息的方法也是基本通用的，并没有实质性区别，方法是一通百通的。

第一节 从定额中获取有效信息

笔者结合定额内容，举例示范分析，工程造价人员若能掌握以下技巧，就能很大程度上有效地提高获取信息的能力。

【示范一】采用《广东省房屋建筑与装饰工程综合定额2018》上册第19页（表3-1）进行说明。

平整场地、原地打夯　　　　　　　　　　　　　表3-1

工作内容：1. 平整场地：标高在 ±30cm 以内的就地挖、填、运土方及找平。

　　　　　2. 原土打夯：夯实、平整。　　　　　　　　　　　计量单位：100m²

定额编号				A1-1-1	A1-1-2	A1-1-3	A1-1-4
子目名称				平整场地	原土打夯		
					人工夯实	机械夯实	
						夯实机夯实	压路机碾压
基价（元）				196.09	226.77	174.74	24.05
其中	人工费（元）			13.80	196.34	134.95	9.91
	材料费（元）			—	—	—	—
	机具费（元）			155.97	—	16.34	10.91
	管理费（元）			26.32	30.43	23.45	3.23
分类	编码	名称	单位	单价（元）	消耗量		
人工	00010010	人工费	元	—	13.80	196.34	134.95	9.91
机具	990101015	履带式推土机功率 75（kW）	台班	1039.80	0.15	—	—	—
	990120030	钢轮内燃压路机工作质量 12（t）	台班	605.90	—	—	—	0.018
	990123010	电动夯实机夯击能量 250（N·m）	台班	29.17	—	—	0.56	—

表3-1中A1-1-1子目名称"平整场地"，在阅读这个子目时可以获取以下几个主要信息：

1. 基价为196.09元/100m²；

2. 人工费为13.80元/100m²；

3. 材料费为0.00元/100m²；

4. 机具费为155.97元/100m²；

5. 管理费为26.32元/100m²；

6. 履带式推土机功率75kW的0.15台班/100m²，单价1039.80元/台班，因本定额子目无其他机具费，折算机具费等于1039.80（元/台班）×0.15（台班/100m²）=155.97（元/100m²），与基价中的155.97元/100m²正好相符；

7. 工作内容：标高在±30cm以内的就地挖、填、运土方及找平；

8. 注意事项：工作内容是包括标高在±30cm以内的就地挖、填、运土方及找平，含有几个工作内容，计价时不能再重复计算挖、填、运土方，但如果是超过±30cm的情况，就要另行计算。

以上信息，都是工程造价人员需要熟练掌握的，要有一定的印象，特别是数据，最起码要能说出差不多的信息，当然并不是一字不漏地强行记忆，而是要融会贯通、理解记忆。

【示范二】对比分析表3-1中"原土打夯"A1-1-2子目名称"人工夯实"，在阅读这个子目时可以获取以下几个主要信息：

1. 基价为226.77元/100m²；

2. 人工费为196.34元/100m²；

3. 材料费为0.00元/100m²；

4. 机具费为0.00元/100m²；

5. 管理费为30.43元/100m²；

6. 工作内容：夯实、平整；

7. 注意事项：因已经包括夯实与平整，实际工作中就不能另外计算平整，如果在审核工程结算时，遇到平整工作内容另外计算的就要进行核减处理，因为存在重复计算。

接着看表3-1"原土打夯"A1-1-3子目名称"夯实机夯实",在阅读这个子目时可以获取以下几个主要信息:

1. 基价为174.74元/100m²;

2. 人工费为134.95元/100m²;

3. 材料费为0.00元/100m²;

4. 机具费为16.34元/100m²;

5. 管理费为23.45元/100m²;

6. 工作内容:夯实、平整;

7. 注意事项:因已经包括夯实与平整,实际工作中就不能另外计算平整,如果在审核工程结算时,遇到平整工作内容另外计算的就要进行核减处理,因为存在重复计算;

8. 对比分析:"夯实机夯实"A1-1-3子目基价174.74元/100m²比"人工夯实"A1-1-2子目基价226.77元/100m²约低22.94%,这个信息非常重要,原因是机械化施工;另外管理费为什么也低了,原因是《广东省房屋建筑与装饰工程综合定额2018》中管理费是以人工费和机具费作为基数计算的,工程造价人员要理解到这一点。

【示范三】采用《广东省房屋建筑与装饰工程综合定额2018》上册第178页(表3-2)进行说明。

蒸压加气混凝土砌块墙　　　　　　　表3-2

工作内容:运料、淋砌块、砂浆运输、砌筑块料、留洞。　　　　　　　　计量单位:10m³

定额编号	A1-4-48	A1-4-49	A1-4-50
子目名称	蒸压加气混凝土砌块外墙		
	墙体厚度		
	20cm	25cm	30cm
基价(元)	4127.86	3801.16	3778.81

续表

其中		人工费（元）				1617.73	1576.94	1517.65
		材料费（元）				2265.21	1985.47	2031.39
		机具费（元）				—	—	—
		管理费（元）				244.92	238.75	229.77
分类	编码	名称	单位	单价（元）		消耗量		
人工	00010010	人工费	元	—		1617.73	1576.94	1517.65
材料	80050500	预拌水泥石灰砂浆 M7.5	m^3	—		（0.781）	（0.695）	（0.633）
	03019021	圆钉50～75	kg	3.54		0.39	0.37	0.36
	04010015	复合普通硅酸盐水泥 P·C 32.5	t	319.11		0.046	0.043	0.042
	04150010	蒸压加气混凝土砌块 600×200×200	千块	5594.64		0.396	—	—
	04150020	蒸压加气混凝土砌块 600×250×250	千块	7569.80		—	0.256	—
	04150030	蒸压加气混凝土砌块 600×300×300	千块	11086.00		—	—	0.179
	05030080	松杂板枋材	m^3	1180.62		0.018	0.017	0.017
	34110010	水	m^3	4.58		1.47	1.62	1.69
	99450760	其他材料费	元	1.00		5.69	5.08	4.51

"蒸压加气混凝土砌块墙" A1-4-48子目名称"蒸压加气混凝土砌块外墙 墙体厚度20cm"，在阅读这个子目时可以获取以下几个主要信息：

1. 基价为4127.86元/10m³；

2. 人工费为1617.73元/10m³；

3. 材料费为2265.21元/10m³；

4. 机具费为0.00元/10m³；

5. 管理费为244.92元/10m³；

6. 材料费中预拌水泥石灰砂浆M7.5是另外计价的；

7. 材料费中圆钉50～75消耗量为0.39kg/10m³；

8. 材料费中复合普通硅酸盐水泥P·C32.5的消耗量为0.046t/10m³，即4.60kg/m³；

9. 材料费中蒸压加气混凝土砌块600×200×200的消耗量为0.396千块/10m³；

10. 材料费中松杂板枋材的消耗量为0.018m³/10m³；

11. 材料费中水消耗量为1.47m³/10m³；

12. 其他相关的材料机械明细；

13. 工作内容：运料、淋砌块、砂浆运输、砌筑块料、留洞；

14. 注意事项：工作内容除了砌筑块料，还包括其他相关的工序，运料、淋砌块、砂浆运输、留洞这些工序是不能再另外计价的。

以上这些信息都不能随便看一下就放过，要对文件进行大致的记忆，要有一定的印象，根据工作内容理解记忆，与相近的定额子目对比记忆，接着看《广东省房屋建筑与装饰工程综合定额2018》上册第179页（表3-3）。

蒸压加气混凝土砌块墙　　　　　　　表3-3

工作内容：运料、淋砌块、砂浆运输、砌筑块料、留洞。　　　　　计量单位：10m³

	定额编号	A1-4-51	A1-4-52	A1-4-53
		蒸压加气混凝土砌块内墙		
	子目名称	墙体厚度		
		10cm	20cm	25cm
	基价（元）	4144.19	4021.12	3715.56
其中	人工费（元）	1694.05	1544.65	1523.50
	材料费（元）	2193.66	2242.61	1961.40
	机具费（元）	—	—	
	管理费（元）	256.48	233.86	230.66

续表

分类	编码	名称	单位	单价 （元）	消耗量		
人工	00010010	人工费	元	—	1694.05	1544.65	1523.50
材料	80050500	预拌水泥石灰砂浆 M7.5	m³	—	（0.776）	（0.781）	（0.698）
	03019021	圆钉50～75	kg	3.54	0.22	0.19	0.17
	04010015	复合普通硅酸盐水泥 P·C 32.5	t	319.11	0.007	0.007	0.007
	04150001	蒸压加气混凝土砌块 600×100×200	千块	2700.00	0.804	—	—
	04150010	蒸压加气混凝土砌块 600×200×200	千块	5594.64	—	0.396	—
	04150020	蒸压加气混凝土砌块 600×250×250	千块	7569.80	—	—	0.256
	05030080	松杂板枋材	m³	1180.62	0.008	0.01	0.009
	34110010	水	m³	4.58	1.17	1.47	1.09
	99450760	其他材料费	元	1.00	5.04	5.69	5.08

"蒸压加气混凝土砌块墙"A1-4-52子目名称"蒸压加气混凝土砌块内墙 墙体厚度20cm"，阅读这个子目时可以获取以下几个主要信息：

1．基价为4021.12元/10m³；

2．人工费为1544.65元/10m³；

3．材料费为2242.61元/10m³；

4．机具费为0.00元/10m³；

5．管理费为233.86元/10m³；

6．材料费中复合普通硅酸盐水泥P·C32.5的消耗量为0.007t/10m³，即0.70kg/m³；

7．材料费中蒸压加气混凝土砌块600×200×200的消耗量为0.396千块/10m³；

8. 其他相关的材料机械明细；

9. 工作内容：运料、淋砌块、砂浆运输、砌筑块料、留洞；

10. 注意事项：工作内容除了砌筑块料，还包括其他相关的工序，运料、淋砌块、砂浆运输、留洞这些工序是不能再另外计价的；

11. 对比分析："蒸压加气混凝土砌块墙"A1-4-52子目名称"蒸压加气混凝土砌块内墙 墙体厚度20cm"人工费1544.65元/10m³比"蒸压加气混凝土砌块墙"A1-4-48子目名称"蒸压加气混凝土砌块外墙 墙体厚度20cm"人工费1617.73元/10m³低，是因为外墙砌筑施工环境差，施工现场情况更加复杂，相比内墙砌筑效率低，人工耗时更多。内墙砌筑管理费比外墙砌筑管理费低，原因是《广东省房屋建筑与装饰工程综合定额2018》中管理费是以人工费和机具费作为基数计算的。

【示范四】采用《广东省通用安装工程综合定额2018 第十册 给排水、采暖、燃气工程》第96页（表3-4）进行说明。

室外塑料排水管（粘接） 表3-4

工作内容：切管、组对、粘接，管道及管件安装，灌水试验。 计量单位：10m

	定额编号	C10-1-275	C10-1-276	C10-1-277
		室外塑料排水管（粘接）		
	子目名称	公称外径（mm 以内）		
		50	75	110
	基价（元）	83.44	93.81	113.25
其中	人工费（元）	63.65	71.35	85.79
	材料费（元）	2.10	2.63	3.58
	机具费（元）	0.04	0.04	0.08
	管理费（元）	17.65	19.79	23.80

续表

分类	编码	名称	单位	单价（元）	消耗量		
人工	00010010	人工费	元	—	63.65	71.35	85.79
材料	17250370	塑料排水管	m	—	［9.93］	［9.93］	［9.93］
	18091000	塑料排水管直接	个	—	［0.68］	［0.65］	［0.58］
	03134021	铁砂布 0～2#	张	0.94	0.113	0.135	0.157
	03139281	钢锯条	条	0.43	0.113	0.216	0.548
	14330030	丙酮	kg	9.74	0.068	0.089	0.11
	14410410	氯丁橡胶粘接剂	kg	14.02	0.045	0.057	0.073
	34110010	水	m³	4.58	0.033	0.054	0.132
	99450760	其他材料费	元	1.00	0.50	0.50	0.50
机具	990801020	电动单级离心清水泵出口直径 100（mm）	台班	38.38	0.001	0.001	0.002

"室外塑料排水管（粘接）" C10-1-277子目名称"室外塑料排水管（粘接）公称外径（mm以内）110"，在阅读这个子目时可以获取以下几个主要信息：

1．基价为113.25元/10m；

2．人工费为85.79元/10m；

3．材料费为3.58元/10m；

4．机具费为0.08元/10m；

5．管理费为23.80元/10m；

6．塑料排水管消耗量为［9.93］m/10m；

7．塑料排水管直接消耗量为［0.58］个/10m；

8．其他相关的材料机械明细；

9．工作内容：切管、组队、粘接，管道及管件安装，灌水试验；

10．注意事项：除了管道安装，还包括管件安装，另外管材消耗量为

[9.93] m/10m，因为有管件占了长度，所以消耗量每米少于1；

11. 根据定额总说明标注"[ ]"符号的材料为未计价材料，未包含在基价中，计价时应根据"[ ]"内所列的用量计算。

【示范五】采用《广东省通用安装工程综合定额2018 第十册 给排水、采暖、燃气工程》第110页（表3-5）进行说明。

室内塑料排水管（粘接） 表3-5

工作内容：切管、组对、粘接，管道及管件安装，灌水试验。　　　　　　　计量单位：10m

定额编号					C10-1-328	C10-1-329	C10-1-330
子目名称					室内塑料排水管（粘接）		
					公称外径（mm 以内）		
					50	75	110
基价（元）					179.49	241.46	270.99
其中	人工费（元）				137.90	184.65	205.62
	材料费（元）				3.31	5.58	8.27
	机具费（元）				0.04	0.04	0.08
	管理费（元）				38.24	51.19	57.02
分类	编码	名称	单位	单价（元）	消耗量		
人工	00010010	人工费	元	—	137.90	184.65	205.62
材料	17250370	塑料排水管	m	—	[10.12]	[9.80]	[9.50]
	18090060	室内塑料排水管管件	个	—	[6.90]	[8.85]	[11.56]
	03134021	铁砂布 0～2#	张	0.94	0.145	0.208	0.227
	03139281	钢锯条	条	0.43	0.268	0.863	2.161
	14330030	丙酮	kg	9.74	0.126	0.224	0.318
	14410410	氯丁橡胶粘接剂	kg	14.02	0.084	0.149	0.209
	34110010	水	m³	4.58	0.033	0.054	0.132
	99450760	其他材料费	元	1.00	0.50	0.50	0.50
机具	990801020	电动单级离心清水泵出口直径100（mm）	台班	38.38	0.001	0.001	0.002

"室内塑料排水管（粘接）" C10-1-330子目名称"室内塑料排水管（粘接）公称外径（mm以内）110"，在阅读这个子目时可以获取以下几个主要信息：

1．基价为270.99元/10m；

2．人工费为205.62元/10m；

3．材料费为8.27元/10m；

4．机具费为0.08元/10m；

5．管理费为57.02元/10m；

6．塑料排水管消耗量为［9.50］m/10m；

7．塑料排水管直接消耗量为［11.56］个/10m；

8．其他相关的材料机械明细；

9．工作内容：切管、组队、粘接，管道及管件安装，灌水试验；

10．注意事项：除了管道安装，还包括管件安装，另外管材消耗量为［9.930］m/10m，因为有管件占了长度，所以消耗量每米少于1；

11．对比分析："室外塑料排水管（粘接）" C10-1-277子目名称"室外塑料排水管（粘接）公称外径（mm以内）110"比"室内塑料排水管（粘接）" C10-1-330子目名称"室内塑料排水管（粘接）公称外径（mm以内）110"人工费低，原因是室外管道安装相对比较简单，室外管道中使用管件较少；室外的管件塑料排水管直接消耗量比室内的低很多，原因是室内的每层楼都有管件；另外管理费低了的原因是《广东省通用安装工程综合定额2018》中管理费是以人工费和机具费作为基数计算的。

综上所述，从工程造价定额中获取有效信息有以下方法：

1．熟悉定额的工作内容。

2．熟悉人工、材料、机具、管理费的组成、单价及含量，为什么要用到这些材料，为什么会用到这些机械，含量为什么是这么多，单价为什么是这么多等，需要带着疑问进行分析及理解。

3. 对每个数据要有一定的印象，达到在工作中能说得出差不多的金额来。

4. 要会对比及分析，与相近工艺的对比，研究差异的原因。

5. 多了解市场价格，与定额进行对比，研究差异的原因，孰高孰低。

工程造价人员对定额中提到的名词不认识的一定要查询资料，把该名词弄清楚。比如工程造价人员对"镀锌角钢"比较陌生，经过查阅资料后知道，原来"镀锌角钢"是角钢表面通过镀锌形成防腐涂层后的角钢，而"镀锌角钢"又可分为热镀锌角钢和冷镀锌角钢。热镀锌角钢也叫热浸镀锌角钢或热浸锌角钢，是将除锈后的角钢浸入500℃左右融化的锌液中，使角钢表面附着锌层，从而起到防腐的目的；冷镀锌涂料主要通过电化学原理保证锌粉与钢材的充分接触，产生电极电位差来进行防腐。如果初学者能够长期坚持这种方法进行学习，每天都争取学到几个新名词，每天都学到几个知识点，日积月累，知识就更加丰富了，这是执着的态度得来的宝贵成果。

6. 对定额中的文字和数字都要理解性记忆，分析原因，不能只是记住就行，理解更加重要。

7. 相近工序的定额，要学会对比分析，做到真正理解每一个数据，由此记住一个知识点就容易多了。

8. 学习贵在坚持。

9. 带着思考去学习。

以上是关于定额子目的阅读理解，其实阅读定额的其他内容，我们一样有方法提取精华信息，比如《广东省房屋建筑与装饰工程综合定额2018》上册总说明第1页第三点说明提到"本综合定额是我省房屋建筑与装饰工程合理确定和有效控制工程造价、衡量工程造价合理性的基础，是编审设计概算、施工图预算、招标控制价、竣工结算的依据，是处理工程造价纠纷、鉴定工程造价的依据，也作为企业投标报价、加强内部管理和核算的参考。"第三点说明可以解决我们业务中的很多问题，说明指出了本定额有多种用途，这是重要的信息。如果在施工合同纠纷业务处理过程中，发包人与承包人对综合单价有争议，则可以采用本定额进行组合综合单价，这是公平与公正的业务处理方式。

工程造价人员按以上严谨的方法阅读5～10遍，能记忆的尽量记忆，就会逐渐形成深刻的记忆。初学者每次编制工程预算或审核工程结算时，都要从头到尾翻阅并查询一遍定额，检查是否有一些子目是没有考虑到的。这个程序经历几年后，定额记忆会十分深刻。

第二节　从材料价格信息中获取有效信息

工程造价主管部门颁布的材料信息价格会经常用到，工程造价人员不但要学会查询，还应该进行分析、记忆、理解地学习。下面结合工程造价主管部门颁布的材料信息价格书上的内容进行分析。

【示范六】下面介绍如何从表中获取信息（表3-6）。

材料价格信息　　　　　　　　　　　　　　表3-6

序号	材料名称	规格/型号	单位	含税价（元）
1	圆钢	φ10以内	t	4803.26
2	圆钢	φ12～25	t	4818.05
3	圆钢	φ25外	t	4865.51
4	Ⅲ级螺纹钢	φ10以内 HRB400	t	4982.43
5	Ⅲ级螺纹钢	φ10～25 HRB400	t	4960.66
6	Ⅲ级螺纹钢	φ25外 HRB400	t	4960.66
7	非镀锌方钢		t	5354.81
8	热镀锌方钢		t	6282.40
9	铝合金门窗型材	氧化	kg	23.45
10	铝合金门窗型材	电泳	kg	24.33

续表

序号	材料名称	规格 / 型号	单位	含税价（元）
11	水泥	P·O 32.5（R）	t	549.00
12	水泥	P·O 42.5（R）	t	581.00
13	水泥	P·O 52.5（R）	t	611.00
14	白水泥	P·O 32.5（R）	t	657.00
15	中砂		m^3	254.00
16	回填砂		m^3	130.00
17	预应力混凝土管桩	$\phi\,500 \times 100$ A	m	188.94
18	预应力混凝土管桩	$\phi\,500 \times 100$ AB	m	221.78
19	预应力混凝土管桩	$\phi\,500 \times 125$ A	m	211.51
20	预应力混凝土管桩	$\phi\,500 \times 125$ AB	m	232.67
21	平板玻璃	$\delta 10$	m^2	56.28
22	茶色玻璃	$\delta 10$	m^2	83.98
23	钢化玻璃	厚度 10mm	m^2	119.38
24	夹胶玻璃	厚度 10+10mm	m^2	316.13
25	钢化夹胶玻璃	厚度 10+10mm	m^2	347.81
26	钢化中空玻璃	6mm 钢化白玻 +9A+6mm 钢化白玻	m^2	207.72
27	Low-E 中空玻璃	6mm 钢化 Low-E+9A+6mm 白玻	m^2	350.01
28	钢化镀膜玻璃	10mm	m^2	196.00
29	磨砂玻璃	厚度 8mm	m^2	64.57
30	热弯玻璃	厚度 5mm	m^2	127.90
31	大理石	孔雀绿 厚度 3cm	m^2	222.44
32	大理石	啡网 厚度 3cm	m^2	495.44
33	商品混凝土	C20 非泵送（坍落度 ≤ 12cm）	m^3	525.00
34	商品混凝土	C25 非泵送（坍落度 ≤ 12cm）	m^3	538.00
35	商品混凝土	C30 非泵送（坍落度 ≤ 12cm）	m^3	551.00
36	商品混凝土	C20 泵送（坍落度 ≥ 13cm）	m^3	536.00
37	商品混凝土	C25 泵送（坍落度 ≥ 13cm）	m^3	550.00

续表

序号	材料名称	规格 / 型号	单位	含税价（元）
38	商品混凝土	C30 泵送（坍落度 ≥ 13cm）	m³	562.00
39	PP-R 给水管	ϕ63×5.8 1.25MPa	m	31.49
40	PP-R 给水管	ϕ110×10.0 1.25MPa	m	104.91
41	PP-R 给水管	ϕ63×7.1 1.6MPa	m	40.25
42	PP-R 给水管	ϕ110×12.3 1.6MPa	m	115.63

1. 表3-6中序号1～6项是钢筋材料价格，首先从这几项中可以知道钢筋有哪些规格、圆钢中各规格价格高与低的规律、螺纹钢各规格价格高与低的规律、同规格的圆钢与螺纹钢哪个价格高等信息。

2. 表3-6中序号7、8项是方钢材料价格，第8项是热镀锌方钢，所以热镀锌方钢的价格要比非镀锌方钢价格每吨高900多元，原因是镀锌层增加了价格。

3. 表3-6中序号9、10项，铝合金门窗型材有氧化与电泳两种价格，工艺上是铝合金在阳极氧化或化学氧化后表面生成一种氧化膜，而铝合金电泳表面是一种电泳漆涂层，区别在于表面的防护层上。两种不一样的工艺导致价格差异，工程造价人员要区别对待，理解它们之间价格差异的原因。

4. 表3-6中序号11～14项是水泥材料价格，从中得知水泥强度等级的分类，也可以扩展一下自己的知识面，自行查询更多资料，了解水泥有哪些强度等级等知识点。

5. 表3-6中序号15、16项中砂与回填砂，中砂价格为254.00元/m³，回填砂价格为130元/m³，中砂价格比回填砂价格高124.00元/m³，主要原因是回填砂中含有一定土的成分。

6. 表3-6中序号17～20项，预应力混凝土管桩有ϕ500×100A、ϕ500×100AB、ϕ500×125A、ϕ500×125AB四个规格，什么是A桩，什么是AB桩，工程造价人员要知道每个符号代表的含义，要查询相关工具书以扩展自己的知识面。实际上，预应力混凝土管桩按抗弯性能或有效预压应力值分为A型、AB型、B型和C型等。其有效预压应力值分别为4MPa、6MPa、8MPa及10MPa。预应力混凝土薄壁管桩主要考虑承受纵向压力，其抗弯性能应满足管桩吊运和堆放要求。A桩和AB桩主要区别是钢筋的含量不一样，钢筋量不一样就导致价格不一样。

7. 表3-6中序号21～30项为玻璃材料价格，从中知道玻璃的多种分类，每种分类也是由于性能原因差异导致价格差异。

8. 表3-6中序号31、32项为大理石材料价格，由于不同的材质及规格导致价格差异。

9. 表3-6中序号33～38项为商品混凝土材料价格，其中商品混凝土C20非泵送（坍落度≤12cm）525.00元/m³、C25非泵送（坍落度≤12cm）538.00元/m³、C30非泵送（坍落度≤12cm）551.00元/m³、C20泵送（坍落度≥13cm）536.00元/m³、C25泵送（坍落度≥13cm）550.00元/m³、C30泵送（坍落度≥13cm）562.00元/m³。非泵送混凝土与泵送混凝土价格差异原因是坍落度不一样，坍落度是混凝土和易性的测定方法与指标。另外一个规律是同性能相差一个强度等级，大约相差13元/m³。这些规律都要掌握，只要明白其中的道理，以其中某一个常用数值为标准记忆，其他强度等级根据规律也能推理出大概的价格，就能灵活应用了。

10. 表3-6中序号39～42项为PP-R给水管材料价格，其中PP-R给水管 $\phi 63 \times 5.80$（1.25MPa）含税价为31.49元/m 、 $\phi 110 \times 10.00$（1.25MPa）含税价为104.91元/m、 $\phi 63 \times 7.10$（1.6MPa）含税价为40.25元/m、 $\phi 110 \times 12.30$（1.6MPa）含税价为115.63元/m，差异原因除了规格差异外，还有壁厚及管的压力不同，所以价格有所差异。

工程造价人员除了记忆以上各材料的含税价格之外，通过上述分析方法研究学习，就会形成很深刻的印象，不管以后的材料信息价格如何变换，都能灵活应用，想忘记都难。

　　以上提到的方法仅是通过一些示例进行说明，工程造价人员在阅读其他书籍时，采用同样的方法学习，也能从一本书中获取很多重要的知识，不需要刻意记忆。对于工程造价专业应知应会的知识，工程造价人员采用提取有效信息的方法长期学习，举一反三，把一本书从厚变薄的方法研究学习，从中获取到重要的信息。

第四章 ▶ 工程造价相关依据与工程量计算编制技巧

　　工程造价人员在编制或审核工程造价业务过程中，要清晰支撑业务的依据有哪些，依据是否完整，依据是否有效，需要进行职业判断。有些项目的工程结算，因周期较长、人员变动或没有妥善保管资料，在工作中遗失相关资料，造成不必要的麻烦，导致工程结算结果不理想，对承包人带来巨大损失。又有一些工程造价资料因为程序不对，签名、盖章手续不完备，也不能作为工程造价的依据，这些都会影响工程造价的工作效果。

　　工程造价人员在业务过程中，不管是编制工程造价还是审核工程造价，工程量计算都要有清晰的思路，如果思路不对，不仅工作效率低，工程造价成果质量也很难达标。工程造价是一项注重细节且比较烦琐的工作，但只要不断地研究方法，寻找规律，总结适合自己的思路方法，工作就能变得简单轻松。本章介绍工程量计算思路与计算过程如何表达更加清晰的内容。

第一节　工程造价相关依据

一、工程造价编制与审核相关依据

关于工程造价所需的主要依据，每个单位都有自己的要求，没有固定要求。原则上工程资料越齐全、越详细及越规范，就越能提高工作效率。工程造价所需的主要依据需要具备以下内容：

（一）工程预算编制所需工程依据

1. 招标文件。

在编制工程预算时，招标文件注明工程承包范围、交楼标准、工期要求、计价方式、品牌要求及技术要求等，是工程造价人员编制工程预算的基础信息。

2. 施工合同（拟定稿）。

未签订施工合同时，施工合同是拟定稿，在招标文件发布时同时向投标人发布。施工合同的拟定稿与招标文件对相同内容的表述原则上是一致的，也有可能由于工作人员失误造成不一致，这一点工程造价人员要格外注意，当两者出现不一致时，需要及时提出问题并由发包人确认。

3. 地质勘察报告。

地质勘察报告能够大致反映工程的地质情况、土方与石方的状态及对应的标高等，是计算土方与石方工程及桩基础工程的重要依据。

4. 施工前的原始地形地貌图。

原始地形地貌图反映施工前的原始地面高程，是土方与石方工程计量计价的重要依据。

5．招标图纸电子版本及书面原件版本。

招标图纸是编制工程预算的基础资料。电子版图纸及书面版图纸原则上是一致的，但经常会有不一致的情况。如果不一致时，工程造价人员需要及时提出问题并向发包人及设计单位确认。

6．项目立项批文。

工程造价人员在编制工程预算时，要查看项目的立项批文，可以得知工程预算造价是否超过立项金额，如果超过立项金额，就要和发包人进行沟通。

7．可行性研究报告。

可行性研究报告是项目是否可行，预估成功率大小、经济效益和社会效果程度，为决策者和主管机关审批的上报文件。

工程造价人员在编制工程预算时，查看可行性研究报告，可以看出项目的设计图纸是否与可行性研究报告的设计参数等相对应。

8．其他与工程预算编制有关的资料。

（二）工程结算审核所需工程依据

对于工程造价结算审核所需的依据，作为工作造价人员应熟悉以下依据并知道各类依据的重要性，如施工合同及相关文件的优先解释顺序为：

1．施工合同协议书；

2．中标通知书；

3．投标书及其附件；

4．施工合同专用条款；

5．施工合同通用条款；

6．标准、规范及有关文件；

7．图纸；

8．工程量清单；

9．工程报价单或预算书；

10．其他与结算相关资料。

下面，对工程结算审核所需的工程依据作出详细的说明。

1．招标文件。

2．施工合同。工程结算审核时，要求提供的施工合同是签名和盖章的原件，和招标时的施工合同拟定稿有所区别。工程结算审核时，要对施工合同与招标文件的条款不一致的情况进行审核，根据《中华人民共和国招标投标法》规定，招标人和中标人应当自中标通知书发出之日起三十日内，按照招标文件和中标人的投标文件订立书面合同。招标人和中标人不得再行订立背离合同实质性内容的其他协议。这就决定了中标后签订的施工合同本身不能与招标文件、投标文件相冲突，在实务中偶尔出现这种情况，应该向发包人提出质疑并要求其进行书面澄清。

3．地质勘察报告。

4．招标图纸电子版本及书面原件版本。

5．中标通知书。中标通知书指招标人在确定中标人后，向中标人发出通知，通知其中标的书面凭证，从我国法律上讲也是一种承诺。中标通知书主要内容应包括：中标工程名称、中标价格、工程范围、工期要求、开工日期、竣工日期及质量等级等。

6．竣工图纸电子版本及书面原件版本。竣工图纸需有总监理工程师签名及相关单位盖章等完善手续。如果招标图纸与竣工图纸不一致，必须要有工程设计变更的手续，招标图纸与工程设计变更相结合，才是相对完整的竣工图。并不是竣工图纸怎么画就怎么进行工程结算，而是要有合法的工程设计变更手续、工程变更内容并反映在竣工图上，并且施工后经过竣工验收合格才可以进行工程结算，这一点很重要。

7．承包人送审工程结算书、计算稿电子版本（含造价软件版本和Excel版本）及相应的书面原件版本。这些资料的提供，能够提高审核的工作效率，但是工程结算审核人员仍需特别认真地查看承包人送审的软件设置等信息是否存在问题，是否会被编制人员擅自修改。如果工程结算审核人员拿来送审单位的计算稿和工程结算书并直接使用，虽然表面看起来节省时间了，但如果没复核送审编制人所提供的资料，极易导致审核时出现工程造价成果质量问题。

8. 图纸会审意见。图纸会审是指工程各参建单位（发包人、监理单位、承包人等相关单位）在收到施工图审查机构审查合格的施工图设计文件后，在设计交底前进行全面细致地熟悉和审查施工图纸，审查出不合理或要修改的情况并与设计沟通的前期工作。图纸会审记录形成完整书面文件签名盖章，效力与设计图纸相当，也会影响工程造价。

图纸会审在施工项目建设过程中有举足轻重的作用，目的是提前将施工过程中会出现的问题提早解决，避免后期施工后再进行变更，增加投资成本。

9. 经审批的施工组织设计及施工方案。施工组织设计及施工方案要经过总监理工程师的审批后方可执行，是实际施工指导文件。

10. 有关的会议纪要。很多时候工程造价人员会存在对会议纪要相关资料不够重视的情况，然而一个项目从开工到竣工的整个过程中，会涉及对项目的改扩建等问题，并且很多现场问题的解决是在一些会议上决定的，而这些问题大多数又与工程造价有关，是进行工程结算的重要依据，所以工程结算审核人员要给予足够的重视。

11. 工程设计变更。工程设计变更是指项目自初步设计批准之日起至通过竣工验收正式交付使用之日止，对已批准的初步设计文件、技术设计文件或施工图设计文件进行的修改、完善及优化等活动。设计变更应以图纸或设计变更通知单的形式发出。工程设计变更只是一个指令，指令要做到真正执行并施工达到工程质量验收合格，且盖章手续齐全，才可以作为工程结算的依据。

12．工程设计变更通知书执行的确认单。工程设计变更通知书执行的确认单，指是否已经按变更通知书等指令进行施工的确认，能证明工程设计变更落实的资料，需要有监理单位及发包人等相关单位签名盖章等手续才能作为结算依据，工程结算审核人员还要亲临现场察看。

13．工程签证。工程签证是指施工过程中出现与合同约定不符的事件时（工程设计变更除外），且施工图预算或施工合同清单中未包含，而施工过程中确需发生费用的施工内容所办理的签证。

工程签证与工程设计变更是有区别的，工程签证是指在施工过程中实际发生的图纸以外的内容，或者是原本预算中未考虑的工作内容，会导致工程费用的产生。

14．发包人对施工工期的说明。发包人对施工工期的说明能够反映实际施工工期是否有延误等情况。

15．开工报告。开工报告反映实际开工日期。

16．监理日志。建设工程过程中，监理单位每天的记录文件，监理单位是独立的第三方，监理日志在工程结算审核过程中可以作为参考。

17．工程联络函（含违约通知单）或工程联系单。工程建设各相关单位之间的来往文件，目前较多工程变更或工程指令是以联系单的形式体现，如取消或增加某一项工作内容或清单，会对工程造价产生影响。

18．发包人对材料及设备品牌、型号及单价验收确认表。实际施工的材料及设备品牌是工程结算审核过程中确定材料及设备价格的重要资料。

19．发包人对与工程所用甲供材料及设备的说明。建设工程是否有甲供的材料及设备，工程造价结算审核时要了解清楚，甲供材料及设备是发包人自行采购的，不属于承包人投入，此部分工程造价承包人不能重复计算。

20．发包人对工程进度情况说明、工程承包范围、交楼标准及工程设计变更增减的说明。发包人对工程进度情况说明、工程承包范围、交楼标准及变更增减工程的说明，能作为工程结算审核的计算依据，避免多计或少计。

21．竣工验收报告。竣工验收报告是判断施工工期是否有延误的依据，若是实际施工工期对比施工合同签署时有延误，发包人需要告知相关单位延误工日及延误的原因，便于后期工程结算审核。

22．水费及电费缴纳汇总。实务中有些工程的水费及电费是由发包人自己缴费的，如果发包人自己缴费，承包人的工程结算中就要进行扣除，不能再计算此部分费用。

23．承包人投标书（含商务标及技术标）电子版本及书面原件版本，其中商务标需有造价软件版本和Excel版本。承包人投标书包括商务标及技术标，是投标时对招标文件的响应文件，其中商务标需有造价软件版本和Excel版本。

24．隐蔽工程验收表。隐蔽工程验收表可以增强工程结算审核人员对工程各个节点的了解，同时也为材料及设备的进场时间推断等提供依据。

25．施工日志。施工日志是由承包人单方面提供的，没有得到其他单位的审核与确认，工程结算审核时应注意。

26．桩位图、打桩记录表、桩成孔记录表。桩位图、打桩记录表、桩成孔记录表是桩基础工程施工的实际记录资料，也是桩基础工程工程结算的重要依据，关于这些资料，工程结算审核人员要结合地质勘察报告进行查看。

27．施工前的原始地形地貌图。

28．现场施工照片及视频。现场施工照片及视频资料，是工程结算审核的辅佐材料，可信度值得考究，并不一定是很有力的依据，要进行判断分析。

29．工程相关的扣款单。承包人违约的扣款单，由发包人进行确认，作为工程结算审核的依据。

30．承包人给发包人开具的工程款增值税发票复印件。承包人开具的工程款增值税发票注明税率，工程结算审核时可以知道是采用3%增值税销项税率还是9%增值税销项税率进行结算。

31．项目立项批文。工程造价人员在审核工程结算过程中，要查看项目的立项批文，可以得知工程结算造价是否超过立项金额，如果超过立项金额，就要和发包人进行沟通。

32．可行性研究报告。

33．真实性与完整性承诺书。承包人对所提供的工程结算资料真实性、完整性应作出书面承诺并对此负责，需加盖承包人公章及项目经理签名，工程结算送审资料是严肃的，不能随意补充或增减资料。

34．其他与工程结算造价审核有关的资料。在日常工作中，除了以上提到的相关资料外，可能还需要其他资料，实际情况需根据每个项目的要求提供。

二、审核工程造价资料注意事项

并不是所有收集到的工程造价资料都是可以用的，需要注意以下事项：

1．除特别说明之外，工程造价资料一般以书面原件为准；工程造价资料电子版本与书面原件版本有矛盾时，要以书面经签名和加盖公章的书面原件版本为准，这是基本原则；

2．如果同时有电子版本和纸质资料会更好，特别是设计图纸；

3．工程造价资料的签名及盖章流程要正确，要合法合规。工程造价资料的签名和盖章流程要符合规定；

4．不同项目会对工程造价资料有不一样的要求，需结合项目实际情况收集；

5．不同项目会对工程签证和工程设计变更流程有特定的程序；

6．有些项目可能存在工程造价资料不齐全的情况，应要求相关单位提供或补充完整；

7. 工程造价资料应装订成册，进行分类，并且要长期存档；

8. 书面资料均需相关人员签署意见、签名，相关单位加盖公章；

9. 要求提供的工程造价资料为书面原件，复印件须经承包人、监理单位确认与原件相符并盖章确认，汇总装订资料加盖骑缝章，原件与复印件必须分开装订；

10. 工程量计算稿应有工程量计算汇总表、工程量计算明细过程。为了提高工作效率，提供的工程量计算稿尽量清晰，按一定思路顺序进行计算，每个明细过程尽量表达清晰，不仅是让自己看懂，更容易让对方看懂；

11. 图纸会审、工程联系单、工程签证及工程设计变更等资料应进行分类，按时间顺序、有编号的进行汇总，尽量附上相关图纸；

12. 施工合同、施工合同洽谈纪要、补充协议应按时间顺序提供；

13. 招标文件、招标答疑，按时间顺序装订；

14. 投标文件包括技术标、商务标及承诺书等；

15. 提供的竣工图要真实，竣工图编制是建设工程中的一个重要环节，也是贯彻全过程的一项持续性的基础工作，它具有与建筑实体相符合的真实性，是其他工程资料所不能替代的；

16. 所有送审资料必须自行留存副本，以免资料遗失、损毁。

总体来说，工程造价资料关于资料的真实性、完整性及合法性的要求是很高的。

三、审核工程造价资料的真实性与完整性注意事项

工程造价资料的真实性与完整性决定了该依据是否能被认可，如果依据不真实，工程造价人员就不能用于工程造价业务中。如果依据不完整，还需查清

楚缺少的原因是什么，会不会造成工程造价的减少，并且要特别注意是否会影响工程造价。

1. 提供工程造价资料的承包人、监理单位和发包人应对工程造价资料的真实性负责，如资料不实，严重的要承担相应法律责任。

2. 提供工程造价资料的承包人、监理单位和发包人应对工程造价资料的完整性负责，避免因资料缺失，证据不足，导致最终连实际施工的项目都无法计算，非常可惜。有些资料签名并非施工合同中授权的人员、字迹模糊及盖章不符合规范，甚至出现施工合同需要盖法人章，而实际盖的是分公司或项目部的章，这就需要有授权这个章的合法手续，否则不能被认可。

3. 监理单位和发包人应对工程造价资料的真实性与完整性进行审核，对符合规定及事实清晰的，方可作为合格的工程造价资料进行工程结算。

工程造价人员在实际业务中，可能会遇到资料不真实或不完整的情况，应提高警惕，防范风险。

四、审核工程造价资料的有效性注意事项

对于工程造价资料是否有效，工程造价人员要进行职业判断，以下几种常见情况的资料不能直接作为计价依据：

1. 仅有承包人的盖章签名的资料：

承包人的签名及盖章资料需要得到监理单位和发包人的确认，并签名及盖章后方可作为计价依据。

2. 从工程资料日期推断，有些资料日期是后来签的，但施工内容早期已经隐蔽验收。这种情况时间逻辑关系不合理，工程造价人员应该进行推敲，提出质疑。

3. 签名不全的资料。

4．需要多家单位盖章而实际仅有一家单位盖章的资料。

5．与实际勘察施工现场不符的资料。

6．规定时间没有办理的工程资料。

后补的工程资料要得到相关单位确认后方可作为工程结算的依据。

此外，工程造价人员要学会分析工程造价资料的可靠程度，应注意以下工程造价资料的有效性判断：

1．工程造价人员直接获取的工程造价资料比间接获取或推论得到的工程造价资料更真实可靠。比如工程造价人员直接到现场勘察测量所得到的工程量，这样的结果是真实可靠的。间接获取的工程造价资料有被涂改及伪造的可能性，降低了资料可信度。推论得到的工程造价资料，其主观性较强，人为因素较多，可信度也有待考究。

2．以文件、记录形式存在的工程造价资料比口头形式的工程资料更加可靠。

3．工程造价资料的原件比传真件、复印件或电子版本更加可靠。

4．得到工程专业技术人员确认的资料比非专业技术人员确认的依据更加可靠。比如送货单在未得到监理单位和发包人确认之前，可靠度不高，一旦得到监理单位和发包人确认，可靠度就提高了。

5．被审核单位单方面签名和盖章的工程造价资料，提供时很容易，自己证明自己，可信度可想而知，说服力不强，必须还要有其他单位进行确认。

6．如果从不同来源获取的工程造价资料不一致，表明某项工程造价依据是不可靠的，工程造价人员应当追加必要的审核程序。

7．如果工程造价人员在审核过程中认为文件记录可能是伪造的，这种情况应当进行记录，并进一步调查确定文件记录的真伪，而不是直接作为有效依据。

当所有的工程造价资料尚不足以出具工程造价成果报告条件时，工程造价人员不能直接出具工程造价成果报告，应待事实清楚及工程造价依据齐全时，才可以出具工程造价成果报告。

造价专业技术人员要有职业判断，认真查实工程造价资料的有效性，并非所有资料都是有效的，如果出现以上情况时，应对资料进行再次补充确认后方可作为有效的计价依据。

五、工程造价依据案例分析

【案例一】

1. 工程概况

某桩基础工程，因发包人资金原因，承包人多次催促都未能进行工程结算程序，持续3年多后，在承包人再三催促下启动了工程结算程序。发包人审核承包人送审工程结算时，发现大型机械进退场费及安拆费计算6台打桩机，根据施工合同约定原则，大型机械进退场费及安拆费工程结算要求有工程签证工程量才可作为依据。由于承包人工程造价人员专业经验不足，施工期间没有办理相关工程签证，且发包人现场工程师目前已离职，导致大型机械进退场费及安拆费工程量签证手续无法办理。

因大型机械进退场费及安拆费涉及工程造价约30.00万元，承包人本应该能争取的工程造价却无法提供依据。在百思不得其解之下，承包人查找过往资料，费了很大力气，最后终于找到多张现场施工照片，照片中机械都有拍照，监理工程师核查了监理日志记录后证实了承包人提供资料的真实性，发包人尊重事实，态度友好，从合理角度进行工程结算，认可新提供的现场施工照片作为工程结算依据。

2. 案例分析

本案例因承包人工程造价人员经验不足，施工期间没有及时办理相关签证，工程结算送审资料不完整，导致在工程结算过程中遇到不少曲折，几经思考，最后找到施工现场的多张施工照片佐证，监理工程师也确认依据的真实性，补充完善了其他手续并得到发包人认可，发包人的做法也是尊重事实、公平、公正的体现。

3. 案例总结

工程结算送审资料非常关键，本案例中承包人亡羊补牢为时未晚，如果是其他项目发包人不认可、蛮不讲理，非要按照施工合同原则办理，就会引起纠纷。本案例可以看出依据的重要性。由此可见，若没有依据，连自己的合理利益都无法争取。

【案例二】

1. 工程概况

某土方与石方工程，承包人送审工程结算土方与石方类别划分为四类土，占总土方与石方工程量的20.00%，坚土占总土方与石方工程量的80.00%，并附上现场局部施工照片和确认土方与石方类别划分比例的签证手续，相关资料已为工程结算准备齐全。

工程结算审核人员根据经验，对周边的工程土方与石方类别情况很熟悉，于是查看了本工程地质勘察报告，发现地下室总开挖高度6.00m，上半部分3.00m几乎为土方，下半部分3.00m几乎为石方，不存在土方与石方渐变的情况，并且承包人附上的现场施工照片只是拍摄总开挖高度下半部分的局部照片，拍的是对自己有利的施工位置。审核人员要求承包人再次提供更多佐证资料时，承包人无法按要求提供，后来审核人员与发包人现场工程师和监理工程师调查清楚事实后，最终按土方与石方应该各占50.00%计算，承包人无异议。

2. 案例分析

本案例中，工程结算审核人员根据对周边工程地质情况的了解，并结合本工程地质勘察报告来推断承包人提供的资料是可疑的，合理界定了土方与石方的比例，承包人也承认事实，心服口服。

3. 案例总结

本案例的成功审核是有前提的，一方面是工程结算审核人员有着丰富的经验，另一方面是工程审核人员认真查看了本工程地质勘察报告，当经验遇上了认真，结果完美。

【案例三】

1. 工程概况

某市政排污工程，承包人在报送的工程结算中，管道开挖采用反开挖方式，即先回填后开挖，本工程若按该施工方式计算的工程结算造价比直接开挖方式计算的工程结算造价约高100.00万元。

工程结算审核人员查阅该工程设计图纸，得知设计没有要求采用反开挖方式，对开挖方式没有特别说明，于是工程结算审核人员按直接开挖方式进行审核，承包人对审核初稿有异议，并举例说明直接开挖方式达不到施工质量要求等各种解释，仅是承包人单方面的口头解释，没有任何书面材料作为支撑。工程结算审核人员查阅投标时的施工组织设计，管道开挖方式注明管道是直接开挖方式，并没有提到管道需采用反开挖方式。承包人的观点不攻自破，工程结算审核人员按直接开挖方式进行工程结算，承包人不再有异议。

2. 案例分析

本案例中，承包人采用非常规也不经济的施工方式，引起工程结算审核人员的注意，在没有任何书面依据的情况下，承包人单方面的口头解释是不能作为工程结算依据的，工程结算审核人员根据施工组织设计说服承包人的观点，证明承包人的观点不成立。

3. 案例总结

本案例中，工程结算审核人员善于挖掘依据，严谨求实，这是工程造价人员应具备的素质。

工程造价人员要建立以事实依据说话的理念，在业务过程中对资料加强重视，特别是在多种工程结算资料中找到相互关系，且论证是否有矛盾、是否存在不合理的情况，会对工程结算审核起到事半功倍的效果。

第二节　工程量计算稿编制技巧

工程造价的工程量计算占整个工程造价编制或审核业务中约70.00%的工作量。因此，工程造价人员要十分认真，计算工程量时首先要讲究方法和技巧，要安静，要细心。

工程量计算稿的过程很繁杂，平时要注意劳逸结合，建议工作1h左右要全身活动一下，职业病带来的健康问题不容忽视。

一、工程量计算稿的作用

工程量计算稿是根据施工图、施工组织设计或施工方案及有关工程造价相关资料计算，以及按照工程量计算规范中的工程量计算规则和计量单位等规定对工程数量进行计算，形成的工作底稿。工程量计算稿具有以下重要作用：

1. 工程量计算稿是工程计价中工程量来源的依据，是对工程量的来龙去脉进行明细的表达；

2. 工程量计算稿是工程招标投标、施工管理、工程结算的前提；

3. 工程量计算稿属于工作底稿，是存档的重要资料；

4. 工程量计算稿是解释工程造价成果的过程依据；

5. 工程量计算稿是对工程造价成果的每个工程量确定的基础。

工程量计算稿利用率很高，目的是方便以后进行查询，甚至多年以后会再进行查阅的可能。

工程量计算稿是工程造价重要的工作底稿，工程造价人员要重视，认真对待。

二、工程量计算的思路

工程造价人员的阅历、学识都不同，计算思路会有差异，但要总结并提升自己的工程量计算思路。如果工程量计算思路清晰，就会有事半功倍的效果。

1. 从设计目录开始通读设计图纸，熟悉图纸之后再进行计算。有些工程造价人员在拿到图纸后就开始计算，很容易在计算工程量过程中造成返工，因为对图纸理解深度不够，一边做一边修正，反而用的时间更多，这是不合理的思路方法。

2. 把设计图纸中自己理解不了的内容汇总出来，查实资料，虚心请教有经验的专业技术人员。

3. 计算土建专业工程量，也要对相关的电气、给水排水、消防工程等专业图纸有所了解。比如算量过程中给水排水工程在水池剪力墙上会预埋刚性防水套管，在土建专业计算中水池预埋刚性防水套管的四周要计算加强钢筋和钢板，可能土建专业图纸不一定表达清晰，就要结合给水排水工程图纸来看。相反，电气、给水排水、消防工程等专业工程造价人员也要看土建专业图纸，比如雨水管、阳台空调排水管的套管在土建图纸中会有预埋大样，往往在给水排水专业图纸中没有预埋大样，如果对各专业图纸缺少相互查阅，就很容易出现漏算。

4. 各专业的界线划分要清晰。哪些项目是归土建专业工程造价人员计算的，哪些是安装专业工程造价人员计算的，比如室外雨水井，由哪个专业来计算，需要提前沟通，各专业工程造价人员计算完成后应相互了解对方专业计算的范围，核实好各自专业计算的工程量，专业与专业之间界线要清晰，做到不重复计算、不少算及不漏算。

5. 熟读并理解各种图纸，比如平面图、剖面图、节点图、大样图及标准图集等。钢筋还要结合平法规则进行阅读，要带着疑问去看图纸，比如交楼标准和装修做法是怎样的。

6. 培养空间想象能力和空间三维立体感。工程造价人员对负责的工程各楼层、各标高及每个部位的功能都要了解，还要了解采用的材料及做法，形成的深刻印象非常重要。工程造价人员要注重培养个人的空间想象能力，对整个项目设计图纸有空间概念，熟悉整体功能，并想象出整个项目设计图纸的立体效果，这样计算工程量时就不容易漏算，但这是需要长期积累的，前提是要有这个理念，然后要自我培养。

7. 对设计图纸中有设计疑问或有设计优化建议，都要详细列举并与相关单位进行沟通。工程造价人员如果发现图纸有问题但又不提出来及时沟通，那对相关单位没有起到建议作用，自己也不会得到提升。

8. 找图纸规律，查看设计图纸是否有相同栋数，是否与其他栋号相同，是否单栋有左右对称的特点，是否有标准层等特点，还要看是否和自己以往做过的项目类似的特点，这个步骤的目的是找出重复性的特点，提高工作效率。比如厂区宿舍楼工程，可能设计比较方正，左右对称，又有多个标准层，并且每层有多间宿舍是一样的，如果有这种重复性或对称的规律，这些特点要抓住。具有重复性或有对称规律的设计图纸，会简化工程造价人员的工作，提高工作效率，但是要十分注意，计算第一个样本时要非常精确，因为计算重复性或有对称规律设计图纸的工程量时，是采用第一个样本工程量进行倍数的运算。

9. 不同栋号的关系，两栋楼相同设计但地质情况和桩基础设计可能不一致，电气及给水排水工程的总进线的管道和总进线的电缆可能不一致，也不能生硬照搬，要经过分析后才可复制进行修改计算。

10. 计算工程量要对工程的功能、用途、工作原理有正确认识，要搞清楚这个工程的功能是什么、各专业的功能是什么、各层的作用是什么以及各房间的作用是什么，不然很容易漏项。比如某消防水池未设计防水做法，很显然有漏水隐患，造成无法蓄水，无法满足其使用功能，此时可以提出相关设计建议，同时计算工程量时需要计算止水螺杆等工程量。电气工程、给水排水工程、消防工程等工程整个系统的工作原理是什么，设计图纸中各部件的工作原理功能是什么等都要了解。

11. 准备开始下笔计算工程量之前，计划工程量计算的顺序，是从上到下计算还是从左到右计算，形成习惯之后就不容易错漏。

12. 工程造价人员要认识到每个工程造价专业的计算思路是不同的，每个专业有其自己的方法。

工程造价人员应提前确立正确的计算思路及计算规划是必要的程序，凡事预则立，不预则废。

三、工程量计算的顺序

工程量计算思路有了，还要对工程量计算顺序进行规律总结。

（一）土建工程计算顺序

1. 可以用工程量计算软件先建模计算钢筋工程量，首先从基础层开始往屋面层分构件，按柱、墙、梁、板大构件先计算，其次计算楼梯、线条、砌体加固钢筋、构造柱钢筋、圈梁与过梁钢筋及洞口加强钢筋，最后计算零星钢筋，查漏补缺，按上述顺序进行。

2．在钢筋建模的基础上，混凝土工程的工程量基本是同时完成的，混凝土整体思路大致和钢筋构件顺序一样。

3．工程量计算软件中画上砌体，先进行砌体与装饰装修工程量计算，可以把室内房间和门窗工程量都计算出来，其次是计算外墙工程量，可以用软件先计算大面积的工程量，那些细节的或是软件计算不到的用手工计算方法更精准，最后计算栏杆、屋面、防水等零星工程量。

（二）高级装饰装修工程计算顺序

1．高级装饰装修工程设计图纸是多种多样的，并不规则，一般按楼层，再按每个楼层的房间进行分类，这里所指的房间并不是真正意义上的房间，是划分的小单元，可能是图纸中独立的房间，也可能是构造的房间单元，具体根据项目特点划分。

2．按构成的房间单元，首先分别计算墙面、地面及顶棚的工程量。

3．其次计算大样和节点的工程量。

4．最后计算其他零星工程量。

（三）园林绿化工程计算顺序

1．园林绿化工程，根据苗木种类可分为乔木、灌木、花卉、草皮等类别，分别以"株""丛"或"平方米"等单位分类计算苗木的工程量。

2．园林园建工程，要分开各个景点进行列项，不能混在一起。一个园建的景点比较多，特点是奇形怪状和各式各样，如果没单独分开计算，则容易造成工程量出现少算、漏算等情况，且清单条目及范围不清晰，会直接导致后期施工阶段的管理、进度款的支付、资金计划等问题难以区分及推动。

3．园林园建工程，按土方、混凝土、钢筋、模板、石材、瓷砖、雕塑及零星工程进行归类计算工程量，园建设计比较复杂，要巧用软件辅助进行测量。

（四）安装工程计算顺序

安装工程专业较多，分专业进行计算，与土建工程计算有不同的方法。安装工程在计算管线长度的工程量时，有一个重要方法是抓住平面图中管与线的起点与终点，即从哪里开始与哪里结束。管线垂直段的工程量通过起点与终点的标高差的绝对值计算得到；水平段的工程量通过始点的位置与终点的位置构成一个直角三角形，水平段的工程量在安装方式为暗敷时，若图纸无特别说明，一般为直角三角形的斜边长度；水平段的工程量在安装方式为明敷时，是直角三角形的另外两条直角边长度之和。

1. 先计算单位为"个"或"台"的材料及设备的工程量，比如配电箱、开关、插座、接线盒、灯具、电缆头、其他设备等。为什么要先计算单位为"个"或"台"的材料及设备的工程量？原因是计算完这些工程量后对图纸会有一定的认识和印象，为下一步计算起到铺垫作用。

2. 然后计算单位为"m"的工程量，比如按回路计算母线槽、桥架、线槽工程量和管道工程量，管道工程量计算要和电线结合起来计算，先计算预埋管工程量，再用预埋管的量加预留量来计算电线及电缆的工程量，其中由多根细线绞合而成的电线要乘根数，单股电线或整体结构电缆无须乘根数，同时还要考虑预留的工程量。

3. 最后计算防雷工程、其他零星工程及系统调试工程量，比如电气系统、防雷系统、消防调试等工程量。

电气工程量的计算，要学会看电路图、单线图，知道火线及零线等工作原理，否则是无法计算的。

工程造价人员还可以总结其他更多的方法，结合个人情况灵活运用。

四、工程量计算稿的编制

目前关于工程量计算的软件较多，工程造价人员应用软件计算工程量，自然就形成软件生成计算稿的习惯，但必须掌握软件是怎样计算出来的，验算软件计算是否准确、计算是否完整。

在接触一个新的工程量计算软件时，建议先画一个小的建筑物，可以是一个几十平方米的有代表性的小房子，用手工计算的结果与用软件计算的结果进行对比，从中检验软件计算的准确率，这点是工程造价人员学习软件应该要知道的验算方法，只有验算过软件，才可以放心大胆地使用。部分新软件或者新功能所表达或体现的计算规则与工程造价人员理解或国家规定的计算规则可能不一样，因为软件是程序员编写的程序，也会有错误，软件导致的错误最终也属于工程造价人员的错误。

工程量计算无论是用软件还是手工的方式，都需要清晰地表达，工程造价人员首先自己能够看明白，然后也要让他人看得明白，这样的工程量计算稿才是合格的。

工程造价人员要养成清晰表达的良好习惯，否则时间长了，连自己也搞不清楚计算过程，就是马虎草率、不合格的工程量计算稿。以下为工程量计算稿的基本要求：

1. 思路要清晰；

2. 按不同专业工程单独计算；

3. 同专业工程要进行分门别类，如按栋、层、房间及区域等进行归类；

4. 注意计算过程顺序；

5. 对计算过程中所用到的数字采用较详细的文字加以说明，往往工程造价人员最容易忽略这点，用文字加以辅助可以清晰地表达轴线、层数及方位等；

6. 无中生有的计算是经不起考验的，必须要以图纸相关资料为依据，遵守实事求是原则。

五、工程量计算过程示范

下面举例说明砌块墙与连续梁的计算过程。

【示范一】砌块墙（单位m³）计算过程。

位置：第三层，AC轴交①轴。

长度：$L=$（13.00＋11.00）×2–（柱宽0.50×数量10）=43.00（m）。

高度：$H=$层高3.00–0.50（梁高）=2.50（m）。

扣洞口面积：1.50×2×11=33.00（m²）。

扣过梁体积：1.25m³。

墙体体积：$V=$（43.00墙长×2.50墙高–33.00洞口面积）×厚度0.24–过梁体积1.25=16.63（m³）。

【示范二】连续梁（单位m³）计算过程。

位置：第五层，DG轴交③轴。

连续梁 LL1：梁宽0.25×梁高0.70×（长度16.50–柱宽0.50×数量3）×2=5.25（m³）。

连续梁 LL2：梁宽0.25×梁高0.70×（长度18–柱宽0.50×数量3）×2=5.78（m³）。

合计：11.03m³。

【示范三】空调风管（单位m²）计算过程。

位置：第六层，AC轴交②轴。

镀锌钢板矩形风管800×300：（长度8.65+长度3.55）×（宽0.80＋高0.30）×2=26.84（m²）。

在实际工作中，工程量计算稿应该注明编制人员的姓名和编制日期，还应注明复核人员的姓名及复核日期。

以上工程量计算稿的示范，精髓在于数字与文字结合的说明，有助于数据来源的理解，有些工程造价人员不愿意对计算过程多加文字说明，过一段时间后，再回想起数据来源时一头雾水，这种做法过于粗糙，绝对不可取。

工程量计算要有思路，每个人的思路都不一样，可以借鉴他人好的思路。工程量计算稿一定要注重文字说明，无论经过多长时间，再来查阅多年前的计算稿，同样宛如初见、一目了然。同时也要注意，文字说明需要简洁明了，不可喧宾夺主，最重要的还是工程量的准确性，文字说明仅起到辅助作用及方便后期复核。

第五章

工程造价询价与工程成本测算技巧

工程造价询价是重中之重的工作，在工程造价业务中，随着新设计、新工艺的不断产生，而工程造价主管部门颁布的材料价格信息是相对静态的，难以满足实际工作需要，这就要求工程造价人员需要具备高效的询价能力。

工程造价人员如果有强大的工程造价询价方法，测算工程造价成本是比较容易的。工程造价成本准确测算关系到承包人的盈利，也影响发包人的投资控制，但定额结合信息价编制的工程预算仅作参考，实际还需要了解市场，通过详细询价之后才能准确测算工程成本。

第一节　工程造价询价技巧

一、工程造价询价的认识

工程造价离不开询价，首先要对询价有一定的认识，懂得询价规律。

（一）询价的重要性

询价的结果直接影响工程造价的结果，询价正确与否，有无偏离市场，直接影响工程造价的质量。编制或审核一个工程的工程造价业务主要由计算工程量、查询材料及设备的价格、计算税金和计取相关费用等工序组成，就算是工程量计算得百分之百准确，如果询价失误，也会造成超过工程造价专业要求的误差标准。询价结果不正确就会给相关单位造成损失。

（二）询价的目的

询价要求准确和快速，询价时要将计划的付款方式和交货日期等信息提供给报价人，让报价人报出最低或最合理的销售价格。

（三）每个人询价的结果是不同的

询价人员的技术水平、口才及交流语言等多方面因素都会影响询价的结果，在实际工程造价业务中应该安排能够胜任这项工作的工程造价人员。

（四）收集常用的品牌信息

有意识地经常收集国内及国外的品牌信息三家或以上，通常这些品牌的产品在性价比、产品质量方面是有口碑的。

（五）厘清所询材料及设备的价格与什么有关

比如混凝土价格主要是由砂、石、水泥、水组成，因为组合中每一个价格的变动都会引起混凝土价格的变动；铝合金门窗主要是由铝合金型材与玻璃组成；电线和电缆主要是由铜和绝缘材料组成。工程造价人员要提前储备这些知识，是询价前需要思考的问题。

（六）特殊材料及设备有自己的价格保护规则

有些材料及设备的报价有一定的自我信息保密规则，询价时报价人要求登记相关的工程信息才同意进行报价。

（七）多了解市场

工程造价人员应多走访材料及设备厂家，走访周边五金店、建筑材料市场，和同行多探讨材料市场价格及劳务价格，有调查才有说服力。

工程造价人员对询价的意义有了初步认识后，才知道询价的重要性。

二、工程造价询价的方法

询价方法水平的高与低，可以看出一个工程造价人员的经验多与少，没有几年的询价经验，很难询到准确的价格。

（一）询价时间

一般来说，询价要提前准备，因为询价需要较长的时间，询价还有很多对比工作。建议从收到设计图纸资料时就开始进行询价工作，确保时间的及时性，避免耽误工程造价业务时间。

根据笔者多年的经验，询价一般不可能马上得到结果，因为报价人也要时间进行核算后才能报出价格。如果项目要进行投标或者编制招标控制价，时间很紧张，如果没有可靠的询价结果，将会导致整个工程造价成果不可靠，工程造价成果误差非常大。

（二）询价准备工作

1. 熟读设计图纸。

2. 把需要询价的人工、机械、材料及设备、措施项目费等详细列出来，包括相应的技术参考、设计图纸的相关要求，有时候仅一字之差就会出现大的错误。

3. 比如"铝塑板顶棚"与"铝板顶棚"、"冷轧钢筋"与"抗震钢筋"、"光面石材"与"火烧面石材"、"冷镀锌"与"热镀锌"等，表面上看起来文字差异不大，但实际上是不同的材料，价格不能相互代替使用。

4. 整理出相关的设计图纸资料。

5. 搜索实体图样，对询价目标有感观上的认识。

6. 研究询价目标的价格与什么因素有关。

7. 对询价的人工、机械、材料及设备要有一定的认识，如果不熟悉，就要查询相关书籍或在互联网上搜索，只有对询价目标有了一定的认识，在询价过程中才能够和报价人进行充分地交流。

比如要询幕墙的价格，就要知道幕墙有哪些分类，有哪些施工工艺，构成是怎样的，功能有哪些要求。经过详细查实，幕墙从材质上有玻璃幕墙、石材幕墙及金属板幕墙等分类，而玻璃幕墙又能细分为全玻幕墙与点支承玻璃幕墙等，这些幕墙在实际生活中都会应用在不同场合，有不同的施工工艺，也由不同的构造组成，相应的综合单价也是不一样的。

比如询阀门的价格，就要知道阀门的种类、参数和功能是怎样的。经过详细查实，阀门常见种类有止回阀、安全阀、减压阀、疏水阀、蝶阀、球阀、截止门及节流阀等，其中止回阀功能是用来防止介质倒流的，而阀门的价格还与压力等级有关。

比如询水泵的价格，就要了解水泵的价格与功率、出水口径、扬程及品牌等参数有关。

如果准备工作不充分，对所要询价的目标一窍不通，询到的价格是不能随意参考应用的。

（三）询价人

询价人需为具有一定专业水准的工程造价人员，他们对材料及设备的技术参数和功能很了解，询价工作才能得心应手。很多初学者认为询价很简单，但因缺乏经验，对材料及设备没有足够的了解，得到的结果也不会分析，应用把握性不大，询价经常碰壁。建议初学者先向有经验且专业性强的工程造价人员学习，有个循序渐进的学习过程才能提高，要明白并不是会打电话、发邮件就可以询到价格，价格也不是询来就能用的。

（四）询价用途

常见的询价的用途有：

1. 投标用途；

2. 编制招标控制价；

3. 施工过程的签证变更；

4. 工程结算审核；

5. 复核工程造价；

6. 审计工程造价。

（五）询价数量

询价数量一般来说要力求准确，数量是决定价格的重要因素，偶尔有些特殊情况是定制的，如果数量不准确，报价人无法准确报价，导致报价无效。比如1台设备与100台设备会是完全不同的报价。

（六）询价的组成部分

国内材料及设备价格组成由材料及设备原价、运杂费（包括调车和驳船费、装卸费、运输费及附加工作费等）、包装费、运输损耗、采购费、保管费、设备供销部门的手续费及相关税金等组成。

（七）询价的语言

对专业不熟悉的人，无法流利地与报价人沟通时，一般报价人推断此人是不可能采购的，或者推断是其他用途，会认为此次报价徒劳无功，也不会对询价人给予回复。

（八）询价的时效性

通常询价需要和报价人说明报价的有效时间，如果超过报价的有效时间，就不能直接应用了，而要重新进行确认，报价人调整新的报价之后再应用其新的价格，并且重新确认新的报价有效时间。

当前建筑市场，钢筋、混凝土、铝材、砂、石、水泥、装饰材料、设备、管材、电线及电缆等多种材料及设备的价格波动较大，工程造价人员要善于总结规律。

（九）询价途径

询价途径主要从以下几个方面进行询价：

1. 直接的生产厂家；
2. 当地的代理商；
3. 分包商；
4. 施工单位；
5. 劳务单位；
6. 侧面询价。

某种品牌材料不好询价，可通过相近品牌侧面了解所需品牌价格，比如通过询某一规格技术参数A品牌空调价格，侧面问与该品牌同规格、同技术参数的B品牌空调价格一般价格高多少或者低多少。

7. 网上查询。

能够找到直接的厂家报价是最好的，实在没有就找当地的代理商进行报价，网上查询的价格需要电话与邮件进行确认。通常需要三家或以上的报价人，如果是重要的材料及设备，应选择更多的报价人，甚至超过10家都有可能。

（十）多长时间要询价完成

根据笔者多年积攒的经验，对于简单容易报价的，顺利的询价可能当场在电话沟通中就报价了，慢则半小时到半天也能得到报价结果。但有些需经厂商核算的，可能要等待1~2d，但如果超过更长时间，几乎不需要继续等待，原因很简单，因报价人没有兴趣或者没有诚意报价，这种情况等到最后也不会有报价的，就算报过来也要对比，不能乱用。此类情况需要马上作出反应，重新挖掘新的报价人。

（十一）特殊材料及设备询价方法

特殊材料及设备主要有以下几种：

1. 试验室、实验室、洁净室及手术室等复杂的特殊材料及设备；

2. 保密的项目；

3. 罕见的材料及设备。

这方面要特别注意设计参数、技术要求，因为不是很常见材料及设备，一般来说要多询几家报价，多做对比，获得更多数据，否则就会询出和实际不相符的价格。

（十二）整个系统的询价

比如智能化系统涉及的专业很多，技术新颖，有些工程所用的设备没有合适的定额组价，这就需要工程造价人员把整个系统所需要的人工、材料、设备、机械等完整一个项目要求提供给报价人进行报价，当然是需要找对口专业的承包人进行报价。

（十三）难询价的材料及设备询价方法

有时候遇到非常难询价的材料及设备，就会用到分包商报价与侧面询价途径，对这种把握不大的询价，应该比常规的材料及设备的询价多询几家。

（十四）包工包料价格的询价

有些工艺，定额不太适用或找不到特别准确的情况下，可以尝试包工包料的询价，如新工艺、新材料及造型设计复杂等材料、设备或项目。

（十五）询价的保密工作

比如图纸信息、工程地点，特别是对发包人信息的保密。为了保密，有时候询价只说出大概的项目位置。

（十六）进行所有询价汇总与分析

1. 对询价信息进行对比；
2. 对询价信息进行过滤；
3. 如果差异大的，报得过高或过低，就要进行报价的再次确认，和报价人联系时可以说其他单位的报价比较低，贵司是否报价错误，要求报价人重新确认报价；

4. 如果价格差异较大，就要对报价人报来的报价组成明细进行分析；

5. 对询价信息进行综合分析判断，比如钢化玻璃6mm厚的铝合金推拉窗，报价人包工包料含税金报价为360.00元/m²，工程造价人员不能直接采用，要分析判断。经查实，发现报价组成中铝合金型材报的是7.50kg/m²，经设计图纸核算是5.50kg/m²，铝合金型材单价为25.00元/kg，这样型材报价就高了50.00元/m²，后续和报价人再次确认，将价格调整为310.00元/m²较为合理。

收集到材料及设备询价资料之后，并不代表所有的询价都是准确的，有时候千差万别，相差很大，如何确定和采纳，这个时候需要工程造价人员的职业判断，才能确定究竟采用哪个询价结果是相对合理的。根据以上询价结果进行汇总、分析。询价得到的价格中，如果出现不同报价人报价相差较大或与询价人心理价位差距较大时，需再次复核询问。

（十七）询价资料整理

要将询价资料装订成册进行存档，电子版本与书面原件版本经过日积月累的收集，以便用于项目以后的查询或供其他项目的参考应用，形成工程造价人员自己建立的数据库。

询价是工程造价人员的基本功，非常重要。工程造价人员必须熟练掌握，需多练习及多探索，总结适合自己的技巧。

三、工程造价询价案例分析

【案例一】

1. 项目概况

某防雷工程，属于外资企业投资建设，招标文件要求防雷设备采用国外品牌。因为是多年前的工程，当时互联网没有现在发达，网络的数据也不够丰富，技术资料为英文，询价难度很大。

工程造价人员采用向代理商询价的方法，寻找国内的代理商进行报价，多渠道的品牌询价并加以对比和分析，防雷设备询价难题得到解决。

2. 案例分析

本案例中，招标人要求采用国外品牌，技术资料又是英文编写的，所以难度较大，但工程造价人员应用所学的知识，多角度思考，采用向国内代理商询价的方法。

3. 案例总结

本案例借助代理商进行报价，不是直接从国外询价，而是属于间接方法，异曲同工，办法是人想出来的，要学会多方面询价及对比和分析，条条大路通罗马，懂得灵活变通才是关键。

【案例二】

1. 项目概况

某试验室消防工程，工程造价人员在编制招标控制价时，询排烟阀的价格时仅把排烟阀的外形尺寸信息告知厂家，并没有向厂家提供排烟阀的工作响应时间等详细技术参数，厂家按普通排烟阀价格1100.00元/台进行报价，工程造价人员直接应用为编制招标控制价的设备价格。

投标人是有经验的承包人，曾经采购过类似的排烟阀，根据设计参数属于试验室的特殊要求，标准非常高，国际上就两三家符合标准，投标报价为21000.00元/台，总共有30台，排烟阀这项报价高于招标控制价约60.00万元，评标时评审专家经过分析认为投标人的报价是合理的，工程造价人员编制招标控制价造价偏低，远远超过工程造价标准误差率。

2. 案例分析

本案例中，因工程造价人员没有重视技术参数，该消防工程排烟阀安装在试验室，要求自然比普通设计高。工程造价人员没有遇到过这种设备并不足为奇，但导致出现误差的关键原因是对询价不够重视、对图纸没有认真剖析和缺少对功能室的作用分析，最终导致询价错误，结果非常不严谨。

3. 案例总结

询价导致工程造价错误屡见不鲜，建议工程造价人员要下苦功夫，多尝试、多思考，遇到陌生的知识应该虚心向有经验的人请教，秉持认真执着的态度，才能把询价方法学好并灵活运用到工作中。

以上都是笔者多年的经验总结，通过上述案例可以看出，想要询到正确可靠的价格，要学会灵活掌握，才能逐渐找到方法。工程造价人员平时要多积累，不断收集厂家信息，各材料及设备在国内及国外有哪些知名品牌，国产、合资及进口品牌有哪些，性价比高的品牌有哪些，常用品牌有哪些，这些都要进行长期的收集，实践出真知。

第二节　工程成本测算技巧

一、工程成本测算的重要性

工程成本的测算，直接影响项目的资金计划、项目盈亏。通常工程预算编制根据当地定额和信息价等资料编制，但实际工程成本是多少，大概有多少利润空间，就需要在此基础上进行深入加工与分析，否则就无法准确计算出该工程有多少利润空间。拦标价（即最高投标限价）可以下浮多少，中标价多少合适，这些都与工程成本测算有关。

有一次笔者受邀到一家企业洽谈工程预算编制业务，该企业负责人当场了解拟建项目的工程成本，只给出了设计规划建筑面积等大概信息。笔者根据多年的经验当场对答如流，该负责人听到回答后赞叹不已，原来在笔者到来之前，该负责人已经与多家造价咨询公司洽谈过，该企业负责人同样向这几家造价咨询公司了解相同的问题，得到的答案和自己了解的成本差异比较大。最后该负责人综合考虑，由笔者所在公司取得了合作机会，其实该企业负责人在委托业务之前，先举行了"考试"，"考试结果"优秀者胜出。这也是目前造价咨询行业面临的现状，想要在复杂的环境中生存，就必须具备核心技术，在各种"考试"中过关斩将，最终才能拔得头筹。

二、工程成本测算的程序

工程成本测算有先后程序：

1. 熟悉招标文件、招标答疑、施工合同（拟定版本）和图纸，现场勘察，如有疑问需要及时提出；

2. 搜集材料价格；

3. 人工费、机械费询价；

4. 措施项目费询价；

5. 计算工程量；

6. 组合综合单价；

7. 计算管理费、利润及其他费用；

8. 计算增值税金、城市维护建设税、教育费附加等相关税费；

9. 汇总分析。

以上程序的顺序在实际工作中会有相互穿插，并不是绝对的。每道程序都要认真对待，从结合实际的原则出发，如果仅是应用定额与信息价来组合综合单价，可能是闭门造车，测算不到项目较真实的工程成本。

三、工程成本测算注意事项

工程成本测算为了测算得更准确，要注意以下事项：

1．首先工程量计算要准确；

2．人工费、机械费和措施项目费不能按定额计算的造价，定额标准计算的造价和市场价格差异较大；

3．尽量对每个材料及设备都进行询价，各分部分项人工费、机械费也要询价；

4．实际施工中各种材料的损耗率与定额的损耗率稍有不同，比如钢筋、混凝土、钢材、砂、石、水泥、电线、电缆、灯具、管材等材料的损耗率，有经验的承包人会控制损耗率；

5．询价要三家或以上，甚至更多家，根据询价的准确度进行把控；

6．询价与工程量计算同步进行，因为询价需要一定时间才能得到回复；

7．施工专业、施工范围、材料及设备品牌、计算开工日期与竣工日期、付款比例都要在询价中和报价人交代清楚，否则达不到真实效果；

8．每个承包人的工程成本测算结果都不是完全一样的；

9．工程成本测算结果不是绝对的，它具有一定的合理误差；

10．实际工程成本会受各种因素的影响，具体与每家施工企业的管理水平、施工技术、工程复杂程度等因素有关。

工程成本的测算方法在于工程造价人员不断实践，不断总结。

四、工程项目亏损主要原因

建设工程是复杂的过程，会受到各种各样的因素影响，工程成本测算得再准确，但如果没有天时地利人和的有利因素，很容易造成亏损。

以下为项目亏损会存在的主要原因：

1. 项目负责人对建设工程的工期、安全、质量及成本等管理不善，管理出效益，管理能力也是影响工程成本的重要因素；

2. 负责成本管理的工程造价人员专业水平不足，没有成本控制目标、成本控制目标不明确或不执行；

3. 材料、构配件的管理制度不合理；

4. 超额采购造成浪费；

5. 人为因素导致采购成本增加；

6. 施工组织设计或施工方案等资源配置不优化；

7. 施工质量不达标，造成返工；

8. 材料进出管理不善；

9. 施工设备利用率不高；

10. 出现施工安全问题；

11. 施工合同管理缺陷，导致施工合同纠纷；

12. 工期拖延；

13. 工程款收款不及时；

14. 财务与税务的管理不专业；

15. 相关合同管理不善，法律意识不强，履行时造成违约责任并赔偿相关单位损失；

16. 其他原因。

项目亏损的原因是多方面的，工程造价人员应当了解项目亏损的根本原因，当出现风险时要学会应对与解决，从而降低或转移风险，为单位立下汗马功劳。

五、工程成本测算示范

下面介绍一些常见专业的成本测算。

【示范一】土建及装饰装修工程成本测算。

1．熟悉招标文件、招标答疑、施工合同（拟定版本）和图纸，现场勘察，如有疑问需要及时提出。

2．搜集材料价格，把设计图纸中的钢筋、混凝土、门窗、幕墙、瓷砖、油漆、砂、石、防水材料、栏杆及其他材料等进行分类询价。

3．对人工费、机械费询价，可以把设计图纸发给劳务公司，让劳务公司报出土建的人工费、机械费，报价时根据施工范围按建筑面积单位进行报价，也可以根据分部分项分类进行报价并附明细分析。

4．对措施项目费询价，对模板、脚手架、垂直运输费等也要进行详细地询价，安全生产措施费等可根据经验计算。

5．计算工程量，根据工程量计算规则计算工程量，询价的同时计算工程量。

6．根据询到的材料及设备价格乘以消耗量得出材料及设备的总价格。

7．根据询到的措施项目费总额、人工费及机械费等进行汇总。

8．计算管理费、利润及其他费用，可以根据历史经验数据计算。

9．计算增值税、城市维护建设税、教育费附加等相关税费。

10．汇总分析，根据以上询价和工程量的计算，综合后进行汇总、分析及复核。

【示范二】钢结构工程成本测算要点。

1．熟悉招标文件、招标答疑、施工合同（拟定版本）和图纸，现场勘察，如有疑问需要及时提出。

2．搜集材料价格，把设计图纸中各种钢材按规格分类进行询价，还要对外墙板、屋面板、楼层花纹钢板、螺栓、防火涂料、防锈漆、其他材料等进行分类询价，其中防火涂料及防锈漆也可根据设计图纸的要求询到包工包料的价格。

3. 对人工费、机械费询价，可以把设计图纸发给钢结构加工厂，根据设计图纸的钢材以吨为单位报出制作费及安装费，其他材料的安装根据设计图纸让劳务公司进行报价。

4. 对措施项目费询价，对脚手架、垂直运输费等也要进行详细地询价，安全生产措施费等可根据经验计算。

5. 计算工程量，根据工程量计算规则计算工程量，询价的同时计算工程量。

6. 根据询到的材料价格乘以消耗量得出材料的总金额。

7. 根据询到的措施项目费总额、人工费及机械费等进行汇总。

8. 计算管理费、利润及其他费用，可以根据历史经验数据计算。

9. 计算增值税、城市维护建设税、教育费附加等相关税费。

10. 汇总分析，根据以上询价和工程量的计算，综合后进行汇总、分析及复核。

【示范三】园林绿化工程成本测算。

1. 熟悉招标文件、招标答疑、施工合同（拟定版本）和图纸，现场勘察，如有疑问需要及时提出。

2. 搜集材料价格，把设计图纸中的所有苗木、种植土、混凝土、钢筋、模板、石材、瓷砖、雕塑及零星工程等归类计算工程量后分别进行询价。

3. 对人工费、机械费询价，可以把设计图纸发给劳务公司，让劳务公司报出苗木种植费、苗木养护费、挖土方、园建的铺装人工费及其他劳务费等。询苗木养护费要注意包含几个月养护，是否包括养护的水费和电费等。

4. 安全生产措施费等可根据经验计算。

5. 计算工程量，根据工程量计算规则计算工程量，询价的同时计算工程量。

6. 根据询到的材料价格乘以消耗量得出材料的总金额。

7. 根据询到的措施项目费总额、人工费及机械费等进行汇总。

8. 计算管理费、利润及其他费用，可以根据历史经验数据计算。

9. 计算增值税、城市维护建设税、教育费附加等相关税费。

10. 汇总分析，根据以上询价和工程量的计算，综合后进行汇总、分析及复核。

【示范四】水电工程成本测算要点。

1. 熟悉招标文件、招标答疑、施工合同（拟定版本）和图纸，现场勘察，如有疑问需要及时提出。

2. 搜集材料及设备价格，把设计图纸中配电箱及元器件、各类管材、电线、电缆、阀门、开关、插座、消防器材等各种涉及的安装材料及设备分类进行询价。

3. 对人工费、机械费询价，可以把设计图纸发给安装工程劳务单位进行报价。

4. 对措施项目费询价，对脚手架、垂直运输费等也要进行详细地询价，安全生产措施费等可根据经验计算。

5. 计算工程量，根据工程量计算规则计算工程量，询价的同时计算工程量。

6. 根据询到的材料价格乘以消耗量得出材料的总金额。

7. 根据询到的措施项目费总额、人工费及机械费等进行汇总。

8. 计算管理费、利润及其他费用，可以根据历史经验数据计算。

9. 计算增值税、城市维护建设税、教育费附加等相关税费。

10. 汇总分析，根据以上询价和工程量的计算，综合后进行汇总、分析及复核。

本章工程成本测算是测算承包价的，已含合理利润。其他工程成本测算方法大同小异，道理明白了，很容易学会变通及运用。

六、工程成本测算案例分析

【案例三】

1. 项目概况

某住宅楼工程，承包人进行成本控制，根据施工合同约定采用预算定额及工程造价主管部门颁布的信息价进行计算，整个工程人工费、机械费、垂直运输费、所有周转材料费（含模板工程及脚手架工程等）、安全生产措施费合计680.00元/m²，经过市场询价后进行汇总及分析，得出整个工程人工费、机械费、垂直运输费、所有周转材料费（含模板工程及脚手架工程等）、安全生产措施费合计530.00元/m²。

2. 案例分析

从该案例可以看出，采用预算定额及工程造价主管部门颁布的信息价进行计算的结果和市场询价存在一定的差异，并不代表孰对孰错，主要是预算定额的编制属于社会平均水平，市场价格趋于平均先进水平，这是造成二者存在差异的原因。

3. 案例总结

工程造价人员不仅要会采用预算定额及工程造价主管部门颁布的信息价计算造价，还要懂得询市场价格，要明白二者之间差异的原因。经常会有人问定额的人工费相比市场价人工费偏低，原因也是统计的口径不同，导致价格存在差异。

【案例四】

1. 项目概况

某钢结构厂房工程，招标人采用合理低价评标办法。招标人邀请A、B、C、D、E共5家专业钢结构公司进行报价。开标时，发现5家公司报价中厂房钢柱的制作与安装综合单价相差悬殊，招标人成本部的工程造价人员进行分析并汇总以下数据（表5-1）。

厂房钢柱的制作与安装综合单价对比表　　　　　　　　表 5-1

序号	综合单价构成	A 公司报价（元 /t）	B 公司报价（元 /t）	C 公司报价（元 /t）	D 公司报价（元 /t）	E 公司报价（元 /t）
1	钢材（含损耗）	4800.00	4900.00	4650.00	4760.00	4800.00
2	除锈费	150.00	260.00	180.00	160.00	230.00
3	防锈漆	260.00	220.00	280.00	310.00	280.00
4	防火漆	680.00	450.00	650.00	700.00	730.00
5	制作费	1800.00	1950.00	1350.00	1500.00	1450.00
6	安装费	900.00	980.00	700.00	780.00	800.00
7	运杂费	100.00	200.00	70.00	220.00	150.00
8	利润及税金	1738.00	1344.00	1212.80	1399.10	1519.20
9	合计	10428.00	10304.00	9092.80	9829.10	9959.20

2. 案例分析

通过分析，A公司报价10428.00元/t，报价最高；C公司报价9092.80元/t，报价最低。工程造价人员调查分析后发现，C公司为具有多年丰富经验的本地钢结构企业，在本地有几个大的钢结构加工厂，并且还有销售钢材的业务，因此，钢结构的主材费、制作费、安装费、运杂费及利润等报价总体上相比其他投标人报价偏低但也是合理的，综合各种因素，最后C公司取得中标资格。

3. 案例总结

本案例是施工招标投标过程中对工程成本的合理性进行分析，首先把各投标单位的报价进行汇总，再进行调查，在充分的分析之后最后确定投标人报价是否合理。

工程造价人员一定要熟练掌握询价与工程成本测算技巧，准确询价与工程成本测算是工程造价成果质量有力的保障。

第六章 ▶ 招标工程量清单编制与工程结算审核技巧

招标工程量清单编制与工程结算审核都是工程造价人员最常见的业务，在工作过程中，既想工程造价成果准确又能让工作更加轻松，就要注意业务的重点与难点，其实这些都是有技巧的。

第一节　招标工程量清单编制技巧

招标工程量清单应按分部分项工程清单、措施项目清单、其他项目清单、增值税分别编制与计价。

一、招标工程量清单的主要作用

在当前以工程量清单计价模式为主导的前提下，招标工程量清单在工程造价业务中发挥着以下重要作用：

1. 招标工程量清单是工程量清单计价的基础；
2. 招标工程量清单为投标人的投标竞争提供共同的投标报价基础。工程施工招标发包可采用多种方式，但采用工程量清单方式招标发包，招标人必须将工程量清单作为招标文件的组成部分，连同招标文件一并发布给投标人。招标人对编制的工程量清单的准确性和完整性负责，投标人依据招标工程量清单进行投标报价；

3. 采用工程量清单计价方式招标的工程，根据招标工程量清单进行投标报价，投标报价是工程支付进度款、工程索赔及工程结算的依据；

4. 工程量清单报价由投标人负责，投标人应响应招标人发布的工程量清单，并结合市场调查、企业的实际情况和企业的施工技术，套用企业定额或行业建设主管部门颁发的计价定额组合综合单价。

招标工程量清单作用大、应用广，从而也会产生一些纠纷，这是必然的规律。

二、招标工程量清单编制质量问题及对策

招标工程量清单在实际工作中被广泛地应用，也会产生一些业务问题需要工程造价人员解决。工程造价人员要尽量避免招标工程量清单编制出现的质量问题，平时要知道质量问题会出在哪里，采用什么对策解决，这些问题值得去思考。

（一）招标工程量清单项目特征与工作内容的描述问题

依据计价标准的规定，项目特征是招标工程量清单极其重要的组成部分，招标工程量清单必须对项目特征进行描述。招标工程量清单除了工程量风险外，主要是指项目特征与工作内容描述的风险。

1. 招标工程量清单是招标人依据国家标准、招标文件、设计文件以及施工现场实际情况编制并随招标文件发布供投标报价，但招标工程量清单中的项

目特征内容不进行描述的，就等同于不要求投标人报价，也不属于招标范围。如某工程的乳胶漆招标工程量清单未对刮腻子工作内容进行描述，投标人就不会考虑该部分费用，实际施工过程中如果需要刮腻子的工作内容时，发包人就要另外支付该笔费用。

2. 投标人对招标工程量清单的项目特征描述内容不进行报价的，其费用视同隐含在其他项目报价内。

3. 招标工程量清单的项目特征描述不完善，会导致工作内容界线划分不清晰，从而引发工程索赔及纠纷等问题，下面结合示范进行分析。

【示范一】回填方招标工程量清单工作内容。

回填方招标工程量清单 表6-1

序号	项目编码	项目名称	项目特征	计量单位	工作内容修改后
1	010101003001	单独土石方回填	1. 土方，符合质量要求 2. 密实度要符合施工规范要求	m³	1. 红线范围内坑、槽的土方回填； 2. 压实； 3. 购土费； 4. 运距由投标人自行考虑，运输相关费用含在综合单价中； 5. 具体做法详招标文件与设计图纸所有做法要求及相关规范要求

表6-1中，原第4项工作内容为"运距10km"，修改之后变为不公开运距，由投标人自行考虑。因为实际施工时，回填土的堆土点、运距是由施工单位根据现场实际情况自行选择，编制清单时无法准确判断。如果写明了运距，一旦与后期施工时不一致，将会产生工程索赔。另外关于回填所用土规格，设计也不会写得这么直白，所以描述为符合质量要求，作为有经验的承包人是完全可以进行报价的。最后还加了一项工作内容是"具体做法详招标文件与设计图纸所有做法要求及相关规范要求"，增加此项清单描述，可以让投标人能更全面

地综合考虑报价，起到画龙点睛的作用。

【示范二】配电箱招标工程量清单工作内容。

配电箱招标工程量清单　　　　　　　表6-2

序号	项目编码	项目名称	项目特征	计量单位	工作内容修改后
1	030402011001	成套配电箱	1. 配电箱1-AL 2. 型号 JXF3002 3. 规格 400×300×150 4. 电压（kV）220V 5. 明装 6. 铜接线端子 7. 端子板外部接线为国标材料	台	1. 箱体制作安装； 2. 开关、钢排等元器件； 3. 焊、压接线端子； 4. 配电箱二次线连接； 5. 本体接地； 6. 高层增加费； 7. 具体做法详招标文件与设计图纸所有做法要求及相关规范要求

表6-2中原工作内容描述为"配电箱1-AL"，经过修改后更优，因为配电箱从文字描述来说，可以理解为一个箱子，但配电箱里面还有元件、开关、铜排等多个元器件，另外本工程有30层，要计算高层增加费。通过这样修改，会使项目工作内容更加完善和清晰。如果投标人中标后，就不会再提出配电箱里面的开关漏项等问题。最后同样增加了一项工作内容是"具体做法详招标文件与设计图纸所有做法要求及相关规范要求"，增加此项清单描述，可以让投标人能更全面地综合考虑报价，起到画龙点睛的作用。

（二）招标工程量清单编制说明描述不清

招标工程量清单不可能把所有的设计图、常规施工方案等项目施工内容都百分之百地表达清楚，因此容易造成承包人提出相关的施工合同纠纷。要解决这个问题，可以通过招标工程量清单的编制说明，把未表达完善的工作内容、计算范围等在招标工程量清单的编制说明中统一进行说明。招标工程量清单的编制说明中，对使用材料及设备和施工的特殊要求及工程质量的要求均须描述清晰，设置暂列金额、材料暂估价等进行描述，要公布给投标人进行投标报价，否则范围、计算口径与招标控制价就对应不上。下面结合示范分析招标工程量清单的编制说明。

【示范三】门套、窗套、门窗塞缝、幕窗、幕墙塞缝及防水、填缝、预埋件、拉手、地弹簧、其他五金、闭门器等项目没有单列清单，报价时由投标人自行考虑报价包含在相应门窗、幕窗和幕墙的综合单价中，汇总于投标总价中，工程结算时不另外计算。

【示范四】石材磨边、钻孔、保护液及切割等项目没有单列清单，报价时由投标人自行考虑报价包含在相应石材综合单价中，汇总于投标总价中，工程结算时不另外计算。

【示范五】管道和阀门、各种部件在安装前需要进行酸洗、涂颜色、防腐、刷油、没有单列的管件、法兰、卡箍、配件、凿槽和补槽、保温等报价时由投标人自行考虑报价包含在管道和阀门的综合单价中，不另列清单项目，汇总于投标总价中，工程结算时不另外计算。

（三）招标工程量清单缺项或漏项

招标工程量清单如果编制不准确，就会出现错项、漏项、少计或多计，与设计图纸等相关资料存在较大误差，这些都会对发包人和承包人造成风险，严重时会影响投资决策，导致工程索赔，给发包人控制工程造价、建设工期及工程质量增加难度，造成损失。

解决这个问题的最好办法是每编制一项工程造价成果，在进行复核时把工程量清单计价标准与相关定额都翻看一遍，容易及时发现工程量清单缺项或漏项问题。

（四）招标工程量清单的工程量计算不准确

工程造价人员对工程量清单计算规则不熟悉、划分类别错误，或把工程量清单计价标准与预算定额规则混为一谈，这些都会造成招标工程量清单的工程量计算不准确。其实工程量清单计价标准与预算定额二者的计算规则是有区别的。要避免上述问题出现，工程造价人员解决方法是认真研究相关工程量清单计价标准与相关定额的计算规则，还要熟悉软件操作及细心地完成每一份工程量的计算稿。

认真的投标人会核算招标工程量清单的工程量，对招标工程量清单的工程量比设计图纸偏少的，报价会高很多；对招标工程量清单的工程量比设计图纸偏多的，报价会低很多。在中标价相同的情况下，不平衡报价策略会在无形中提高工程结算造价，增加招标人的投资。

（五）招标工程量清单编制不严格执行国家颁布的工程量清单计价标准

工程造价人员对国家颁布的工程量清单计价标准不够熟悉，理解不透彻，导致招标工程量清单编制时不严格执行国家颁布的工程量清单计价标准。如招标工程量清单列项时把同一个清单里包含的工作内容分开多个不同清单单独列项；或把不属于同一个清单工作内容的合并成一个工程量清单列项，这些都是错误的理解。工程量清单计价标准是行业的基本标准，应该严格执行。

（六）招标文件编制质量

发包人的招标文件是招标工程量清单编制的重要依据之一。招标文件如果对招标范围、设备选型、暂列金额、材料暂估价、专业工程暂估价及总承包服务费等与工程造价有关的内容表达不清晰，就会导致招标工程量清单也难以表达清楚。

为了有效减少招标文件编制质量问题造成的不利影响，工程造价人员应主动提前介入招标文件编制质量的把关，也能及时发现并纠正招标文件编制质量问题，从而提高招标工程量清单编制质量。

（七）施工图设计文件质量影响

设计单位依据工程设计任务书，尽量细化施工图设计，对于节点图、大样图、设备选型规格及参数描述等尽可能要详细表达，以便于工程造价人员准确无误地描述项目特征及计算工程量，同时也为合理的投标报价提供基础。比如幕墙工程、门窗工程等未明确拟采用材料的材质规格，或钢结构工程、基坑支护工程及人防工程等专业性强的专业工程没有详细设计，都会影响工程造价人员编制招标工程量清单的成果质量。设计人员应对设计图纸的设计质量把关，要对设计图纸进行细化并达到指导施工以及达到编制或审核工程造价的深度。

加强设计图纸成果文件的复核，层层把关设计质量，避免出现图纸多处不对应的情况。高水平的设计人员也能增强建设工程设计质量的监督与管理，从而使工程设计质量得到有效提高，使建设工程图纸中存在的各类问题在设计阶段得到有效解决。应用BIM技术，不仅能有效避免投资浪费现象的产生，还能对工程造价进行合理控制。

（八）工程造价人员的专业水平

工程造价人员的专业水平直接决定招标工程量清单编制的质量。工程造价人员在招标阶段要依据已有的设计图纸和发包人拟定的招标文件及常规施工方案来编制招标工程量清单。但在实际工程中，除了招标人提供的设计图纸和招标文件外，工程造价人员对施工技术要有一定的认识，如果工程造价人员不熟悉施工工艺、工程量清单计算标准等，会直接造成清单列项不准确、工程量计算错误等问题。

此外，工程造价人员需要通读全部设计图纸，到边到角，有时候一个字就会影响不少工程造价，如果不小心就会产生严重的错误。工程造价人员对设计图纸的阅读，比较容易忽略设计图纸中"不尽之处，按某国家规范进行施工"的说明，单是这句话，包括的意义很广，工程造价人员就需要查询设计图纸中所提及的"某规范"是什么规范，规范的内容与自己计算工程量有何关联，这样才能做到不遗漏项目。

总而言之，提高工程造价人员的专业水平，认真落实执行内部复核制度，发挥团队的力量，才能最大限度地避免错项或漏项的产生。

（九）招标时间比较紧张

项目要急着动工，招标时间比较紧张，沟通与衔接环节就容易出错。如果时间短又急着开工的项目，可以采用按定额标准下浮率的办法招标可能更加合适。

（十）投标人没认真对待，先中标再说

投标时，有些投标人不愿意投入大量的人力及精力，也可能是一种策略，认为招标人定标是通过合理比价的，比如自己中标，认为中标价不低于成本价才中标的，并且是有利润的合理中标价，不够重视，待中标后发现问题再提出来和发包人谈判。

招标人要找有信誉的投标人进行投标，而投标人一定要进行工程量和工程成本的核算，并且招标人要求投标人对设计图纸提出疑问或优化建议，可以设置加分制度，这种做法在总价合同计价方式中非常有效。

（十一）工程造价人员沟通协调不足

有些工程造价人员不善于沟通，不善于表达，遇到设计图纸问题就自己暂定做法，没有上升到由上级领导去解决，以为是省事了，实际是后患。往往会遗漏清单项或依据自己的错误理解，或按错误的标注尺寸编制，导致清单缺项、漏项，清单项目特征描述不准确或工程量计算错误等一系列问题。

提高工程造价人员解决问题的能力，不懂的问题不可怕，可怕的是不懂的问题自己不向单位提出，不向委托人提出，擅自解决，这是不可能把工作做好的。要知道设计图纸有时候不够完善，如果没有这种理念认识，没有认识到招标工程量清单质量的重要性，将会无法适应当今社会发展的高速变化，也无法将工程造价成果质量控制在合理的误差范围内。

对于招标工程量清单错误的风险，除施工合同另有约定外，其责任由招标人承担，因此，工程造价人员要多了解工程量清单计价的问题，有利于招标工程量清单编制水平的提高。

招标工程量清单编制质量问题导致工程项目管理难度增加，造成施工合同争议现象，工程造价人员应控制好工程造价成果误差率，严格做到有编制、有复核的流程，从而提高准确率，以免造成各方损失。

三、招标工程量清单编制案例分析

【案例一】

1. 工程概况

某住宅楼工程，采用总价合同计价方式，地下室梁板混凝土设计图纸要求抗裂混凝土，招标时发包人提供的招标工程量清单梁板混凝土项目特征描述为普通混凝土，并非抗裂混凝土，承包人投标报价时也是按普通混凝土报价。

工程结算时承包人要求按抗裂混凝土结算，增加造价，发包人审核不同意，理由是招标文件注明招标工程量清单仅供参考，投标人有异议就要另列增减工程量清单进行报价并汇总在投标总价中。承包人投标时没有提出任何疑问，也没有另外增加报价，并且在施工合同专用条款中约定招标工程量清单错误工程结算不予调整。

2. 案例分析

本案例是招标工程量清单编制质量导致的争议问题，工程量清单编制是很严密的工作，也容易出错，工程造价人员要谨慎。

根据本案例的情况分析，结合招标文件及施工合同专用条款约定，除设计变更和签证另外计价，招标工程量清单错误工程结算不予调整。

3. 案例总结

从本案例可以看出，工程造价人员需要提高招标工程量清单编制质量，凡是招标工程量清单编制出现一点瑕疵，都会成为工程结算时承包人提出争议的导火索。

【案例二】

1. 工程概况

某教学楼工程，招标人委托某造价咨询公司编制招标控制价及招标工程量清单，工程造价人员在编制招标工程量清单过程中因工作失误，漏了柱墙混凝土工程量清单，招标控制价也漏了柱墙混凝土工程造价。

投标人在投标过程中进行工程成本测算，计算工程量时发现招标工程量清单中漏了柱墙混凝土工程量清单，投标报价补充了柱墙混凝土报价。开标时发现几家投标人的报价都比招标控制价高5%以上，招标人要求造价咨询公司重新复核招标控制价，经造价咨询公司查实，原招标控制价确实存在柱墙混凝土工程量清单漏项问题，最后重新调高了招标控制价，招标时间相应延长。

2．案例分析

本案例由于工程造价人员失误、复核流程缺失，导致招标控制价及招标工程量清单不准确，延误了招标时间。本来是严肃的招标工作变得十分不严肃，闹出大笑话。另外投标人发现问题时应该在招标答疑期间提出质疑，本案例中投标人没有提出质疑，似乎有不妥之处。

3．案例总结

本案例由于工程造价人员失误、复核流程缺失，导致招标控制价及招标工程量清单不准确，延误了招标时间。虽然最终重新修正了招标控制价，但工程造价人员的声誉受到质疑。由此可见，如何提高工程造价人员的专业可信度，值得深思。

【案例三】

1．工程概况

某综合体高级装修工程，建筑面积约25000.00m²，工程造价约9000.00万元，属于民营企业投资，发包人招标时发布了招标文件和招标工程量清单，仅给投标人5d投标时间，采用总价合同计价方式。

投标人感觉时间很紧张，但又不想失去一次中标机会，于是投标时无法完全复核工程量，只能依据招标人提供的工程量清单进行报价。

施工过程中，承包人发现智能化工程在招标人提供的工程量清单中是没有的，该项工程造价约150.00万元，承包人提出要增加该工程造价，理由是该工程不属于招标范围，所以施工合同签订的中标合同价不包含该部分工程造价。发包人对承包人提出的要求进行回复，认为本工程是总价合同计价方式，中标合同价已经包括招标图纸中所有设计内容。双方未能达到一致的解决意见，智能化工程未能进入施工计划中，僵持了10多天依然没有落到实处解决。

经查实，该工程存在几个主要特点：

（1）招标人提供工程量清单；

（2）总价合同计价方式；

（3）招标人提供的工程量清单中没有智能化工程的工程量清单；

（4）要求投标时间只有5d；

（5）投标人对智能化工程也未进行报价；

（6）招标施工图纸注明"智能化工程由专业公司深化设计后进行施工"；

（7）工期6个月，要求7月初竣工验收，并且计划10月1日商场开业。

经过发包人与承包人最后协商，从尊重事实的角度出发，双方多次谈判并综合各种因素，最终发包人同意增加智能化工程的造价。

2. 案例分析

本案例也是招标工程量清单成果的质量问题造成的发包人与承包人的施工合同争议，如果招标文件中有注明"由专业公司深化设计后进行施工"的工程也属于投标人的报价范围，中标合同价已经包括"由专业公司深化设计后进行施工"的内容，这样就不会产生纠纷。

3. 案例总结

本案例中，招标人提供的招标工程量清单中既没做说明，也没进行计算，因此产生了后续的工程造价争议。最终还是从尊重事实的角度出发，发包人与承包人权衡得失，和谐解决为上策。

在建设工程中，前期的工程量清单编制质量非常重要，工程造价人员要培养细心做事的良好习惯，注意质量复核环节，才能提高工程量清单编制质量。

第二节 工程结算审核技巧

工程结算是承包人与发包人之间根据双方签订的合同内容所进行的工程合同价款结算工作，是每个工程竣工后必须经过的程序。

一、工程结算审核的原则

工程结算审核工作需坚持原则，合理及合法地执业。本节强调以下几点原则：

（一）公平、公正原则

有理走遍天下，无理寸步难行。坚守职业道德，有确凿的依据就应该进行计算，没有依据的坚决不予计算，坚守好公平、公正原则的底线。

（二）地位平等原则

工程结算过程中各参与方是平等的法律地位。

（三）实事求是和有依有据的原则

工程结算审核应遵守实事求是的原则，必须严格按照施工合同、竣工图纸等相关资料，绝不允许无中生有。

（四）合理、合法原则

工程结算审核要合理，还要符合相关法律法规的规定。

（五）回避制度原则

审核人员不能与被审核单位存在直接联系，不能留电话等各种通信方式，承包人对审核结果有异议的，应和发包人取得联系，再由审核单位的委托人转告审核单位。不得收受被审核单位的任何物品、金钱等，不得参加宴请。君子爱财，取之有道！

以上既是对审核人员要求的基本原则，又属于职业道德的范畴！

二、工程结算审核的流程

为了工程结算审核工作顺利进行，有条不紊，就需要按照一定的流程执行，目的是提高工作效率。可以参考以下工程结算流程办理：

1. 承包人报送工程结算资料给发包人。

2. 由发包人对承包人报送的工程结算资料进行初步审核，特别要核实资料的真实性和完整性，并盖上"同意送审"印章。

3. 发包人将符合要求的送审工程结算资料原件两份之中的一份移交给工程结算审核单位。

4. 工程结算审核单位要熟悉项目送审资料，如施工合同、招标文件、工程设计变更、工程签证、竣工图纸等资料，并详细审核资料的真实性、完整性和有效性等。

5. 工程结算审核单位依据国家相关规范及遵守施工合同，有条理、有程序地对承包人送审工程结算进行全面地详细审核，计算工程量、审核综合单价并进行总价汇总，有关疑问及时汇总列出，带着问题到现场勘察，经过详细审核后出具审核初稿并交给发包人。

6. 发包人对工程结算审核单位的工程结算审核初稿审阅后，如需调整，则通知工程结算审核单位进行调整，无需调整则转交承包人进行确认。

7. 承包人如对工程结算审核初稿有异议时，应提出书面异议并交发包人，并附上相关的依据和计算稿。

8. 发包人收集承包人对工程结算审核初稿提出的异议，并转交给工程结算审核单位。

9. 工程结算审核单位对承包人提出的异议进行核实，并启动工程结算核对工作，核对后的调整工程结算成果提交发包人。

10. 各相关单位对工程结算审核单位提交的核对后的调整工程结算成果进

行核实，达成一致意见后由工程结算审核单位出具工程结算审核报告，审核工作结束。

无论是发包人还是承包人，对最终的工程结算结果都很重视。竣工时间越长，参与项目各单位人员就越难以协调，为了避免经办人员变动而造成的纠纷现象（新接手的人无法确认前任负责人的事项），应抓紧时间进行工程结算。另外，竣工时间越长，有些已经对原工程进行部分拆除或新建，会给现场数据确认带来难度。

工程结算工作按程序执行，抓住做事的规律，提高工程造价人员的工作效率。

三、工程结算审核注意事项

工程结算审核是以施工合同及相关法规的原则为准绳，根据笔者多年的经验总结，工程造价人员在业务过程中应注意以下事项：

1. 工程结算送审资料要严格把关。

2. 书面资料需经相关人员签名及盖章后才能作为工程结算依据。

3. 竣工图纸大样要表达清晰，比如装修节点作法、埋地的竖直埋深高度大样及隐蔽内容等尽可能表达清晰。

4. 送审工程结算书要有工程结算造价汇总表，承包人法人代表签名并盖法人公章。

5. 对每一张工程签证单或工程设计变更单都要有单独的一份报价，需要附上适当的施工照片反映工程设计变更前、变更中、变更后的状态。

6. 竣工图纸、工程设计变更、工程签证提供得再完整，也要查看现场是否按图施工，如果没有施工的项目是不能计算造价的，所以要到现场核实资料。工程结算审核人员要有责任心地勘察核实，比如审核道路厚度、钢结构厚度、防火漆厚度等，应用测量工具及测量方法逐一核实。

7. 审核工程签证和工程设计变更的时间，要推理分析是否有逻辑关系错误，要推理分析，如果已经施工完成的主体，但实际是后期才发出的工程设计变更通知，证明工程设计变更之前还是按原设计图纸进行施工，时间逻辑不吻合，不能进行计价。

8. 工程设计变更与工程签证有各单位的签名、盖章和意见，一般以发包人意见为准。

9. 工程设计变更、工程签证的综合单价一般由工程结算审核单位最终审核为准。要对工程设计变更与工程签证中签订的工程量与价格进行复核，比如签订的水泵抽水台班及发电机发电台班，可以测算从哪天开始进场的，推断出台班数是否合理。

10. 工程设计变更应画在竣工图上，查实工程设计变更是否与实际施工相符。

11. 注意工程签证及工程设计变更的审核。工程签证及工程设计变更是每个建设工程都难以避免的，但必须符合相关程序。比如某市的市政工程，工程签证或工程设计变更达到100.00万元就要经市或区常委会讨论通过后方可计算。工程造价人员在工程结算审核时发现工程签证及工程设计变更缺少程序时，就要向发包人提出疑问，不能直接进行工程结算。

对工程签证及工程设计变更的审核注意以下事项：

（1）工程签证及工程设计变更有规定的程序，违反相关程序的工程设计变更不会被认可。

（2）工程设计变更不仅需要有设计院的设计变更通知，还需要真正施工并经验收合格后才可以进行工程结算，仅有设计院的设计变更通知而没有实际执行施工的情况，是不能计入工程结算的。

（3）工程签证及工程设计变更的逻辑关系很重要。工程造价人员要根据工程签证及工程设计变更签字时间与施工隐蔽资料中注明的时间，审核判断逻辑关系的合理性。

（4）及时审核工程设计变更具有重大意义，是建设工程顺利开展的关键要素之一。

12. 工程签证中既有工日数量又有工程量的，工程量部分套定额时已经包含工日，不能再重复计算工日的造价。

13. 查实签订的工程签证是否合理，即与定额包含内容是否重复计算。工程签证是在施工过程中产生的，其实际情况与工程签证内容是否相符，是否有重复现象，这些都必须通过现场勘察才能确认，仅凭图纸计算与工程签证是难以发现问题的，这是诸多有实践经验的工程结算审计人员都心知肚明的常识。

14. 工程结算审核要全面通读图纸，对送审工程结算资料要严格把关，要核对原件及确认复印件与电子版本是否存在真实性不足的情况。

15. 分析送审工程造价资料合理性是审核的关键点，只有符合要求的工程造价资料才能作为有效的审核依据。对合理性的判断要求审核人员具有丰富的经验，一旦发现某些问题时，就要更加谨慎地审核。

16. 送审工程量计算稿计算条理要清晰不含糊，应该加入适当的文字说明。

17. 送审的工程结算资料不能拿来就直接应用，特别是工程量计算稿和计价文件，一定要提高警惕，防止存在人为的设置错误等，只有核实无误的送审电子版文件才能使用。

18. 电子表格经常容易汇总错误，审核时要注意检查。

19. 对于弄虚作假、竣工图纸多画的内容，工程结算也不能计算。

20. 对于违反程序或违反规定、施工做法超出常规的资料，工程结算也不能计算。

21．到现场抽查，采用挖、看、量、测、问等方法，现场重点审核竣工项目是否按原设计图纸施工，有无未施工项目、未完成的工程量。

22．委托人提出要核减的造价，或者承包人未按图纸施工或偷工减料的造价，均要查实后再进行核减。

23．工程造价人员在工程结算审核过程中，经常存在未按图施工的情况，通过现场勘察，就很容易发现这些问题。

24．土建工程、装饰装修工程及安装工程各专业的工程结算审核人员要相互沟通，避免少算、漏算。

25．总价合同计价方式的项目，要查看招标图纸与竣工图纸之间的差异。如招标图纸已经有的设计，属于总价包干范围，工程结算时不能另外增加计算，即使是错项、漏项。

26．桩基础工程量按实结算的，要有打桩记录（比如预制管桩）或成孔记录（比如旋挖桩等）作为工程结算依据。计算桩结算工程量时，要根据施工合同工程结算原则，查看是按有效桩长计算还是按入土深度计算，这点很重要。

27．土方与石方工程类别与地质勘察报告的联系、桩基础工程长度与地质勘察报告的联系，设计桩长找出对应的桩位勘察报告、桩抽芯、桩大小应变报告。

28．如果水费及电费由发包人支付，就要在工程结算中核减水费及电费。

29．如施工合同有下浮率，审核时要相应下浮，如没有注明下浮率的需注意投标总价与签约合同价是否一致，若不一致，需计算相应下浮率。

30．实际施工比招标文件品牌标准低的材料及设备，要查看现场和发包人提供的品牌信息进行重新定价。主要查看现场材料及设备品牌、型号及规格与招标文件是否一致。

31．查看开工报告与竣工报告，审核有无延误工期。要注意根据施工合同原则，核减承包人工期延误的工程造价。

32．审核人员须始终站在公平、公正的角度进行审核。

33．注意定额组价要有说服力，符合实际施工工艺。

34．对于施工合同外未定价的材料，询三家或以上厂家的价格。

35．关于拆除回收问题，能够回收利用的就要回收。从这里拆除到那里安装的，主材不能计算。回收材料有钢筋、阀门等可以重复利用的，或者钢筋不能重复利用但有残余价值的，要注意扣减。

36．审核造价高与低都要有依有据，不能无中生有，不能故意抬高或降低造价。

37．审核工程结算按照从粗到细、对比分析、查找误差、简化审核的原则，对编制的工程预算与工程结算采用对比、逐项筛选和利用统筹法原理迅速匡算等技巧、方法，使审核工作达到事半功倍的效果，但这些工作只是辅助的，并不能代表详细审核方法。

38．实际业务中应进行全面审核，不管工程量多与少，都要经过全面、细致的程序，虽然工作量较大，但是经过严谨的审核工作，工程结算误差才会小，质量才会高。

39．工程结算审核时，送审资料不齐全的，要待资料补充完整后才能出具审核报告。

工程结算审核要注意的事项确实有很多，在实务中会出现各种情况，审核人员要全面细致、公平、公正，接触的业务多了都能总结相关的审核技巧。

工程结算审核工作技术难度比工程预算编制大，没有一定的经验是无法驾驭的。没有经验的工程造价人员审核的结果和有经验的工程造价人员审核的结果不可能一样，也许会有天壤之别。工程造价人员审核要有过硬的工程造价专业基础，需要理论与实践的紧密结合。

四、工程结算审核案例分析

【案例四】

1. 项目概况

某普通厂房工程竣工图纸中标明内墙面装修做法是刮腻子2遍、底漆和面漆各3遍。

2. 案例分析

该厂房工程为普通标准厂房，整体装饰装修标准定位较普通，内墙面装修做法是刮腻子2遍、底漆和面漆各3遍，已经达到高档装饰装修标准，引起审核人员注意，初步审核认为不太合理，审核过程中标明为重点审核。现场勘察时发现存在脱落现象，质量粗糙，从脱落的断面可以看出整个装修面较薄，未达到8遍的厚度。

审核人员与承包人核对过程中提出该问题，承包人最开始坚持按设计图纸施工的，没有偷工减料。但因为涉及工程造价较大，上升到发包人领导层次，在发包人领导组织召开监理单位和设计单位会议后，最终重新确认实际内墙面装修施工做法是刮腻子1遍、2遍底漆和1遍面漆，两种做法综合单价相差约15.00元/m²，该项核减工程造价约50.00万元。

3. 案例总结

本案例中，审核人员根据职业判断，初步判断内墙面装修做法值得怀疑，但没有充分证据之前不能妄自下结论，因此，通过一定的程序把该项审核进行合理计价。但是没有审核经验的工程造价人员遇到这项设计时，就只能按竣工图做法进行工程结算了。

【案例五】

1. 项目概况

某道路工程为附属工程，占总项目工程总造价的比例较小，不容易引起审核人员注意。承包人送审工程结算造价按竣工图进行计算，道路面积约16500.00m²，监理单位也在竣工图中签名盖章了。

2. 案例分析

初步审核时没有发现可疑情况，审核人员在现场勘察时进行了测量，结果发现该道路与周边道路是相连的，审核人员对施工范围提出疑问，后来经过发包人确认，明确该道路实际施工范围。测量结果只有15000.00m²，核减相应的道路基层、道路面层、竣工图上的给水排水管道工程等工程造价约70.00万元。

3. 案例总结

本案例从竣工图与现场勘察结合进行推理，从没有可疑点到有可疑点，最后通过相关单位确认，重新界定了承包范围。现场勘察时还应注意：

（1）提前熟悉施工图、竣工图，带着问题去现场，有针对性地挖掘问题。工程造价较大的项目要特别注意；

（2）重点关注可能发生变化的内容，如较大的变更及签证要到现场核对执行情况。

工程造价人员不断加强学习是提高工程结算审核质量的重要保证，审核人员可能会遇到各种不同的项目，接触的项目类型多了，就有很多学习的机会，关键是看自己想不想学。常言道"书到用时方恨少"，审核人员如果不注重平时的积累，到实际业务中就会无从下手。当前新材料、新技术层出不穷，如果不学习、不提高，对不懂的知识不进行深入研究，就无法适应当前的工程造价审核工作。

【案例六】

1. 项目概况

某住宅楼工程工程结算时，审核人员在审核过程中发现该工程签证有多个疑点：

（1）疑点1：工程签证从编号1至编号20共20个编号中，缺少工程签证编号11，最后再细查还发现缺少工程签证编号16；

（2）疑点2：工程签证编号1中主要内容为"挖土机土方8500.00m³，人工工日6个"，承包人送审工程结算书中套用了挖土机定额，并且另外计算了6个工日的人工费造价；

（3）疑点3：工程签证编号6中主要内容为"拆除法兰阀门DN100共36个，人工工日3个"，承包人送审工程结算书中套用了挖土机拆除法兰阀门DN100的定额，并且另外计算了3个工日的人工费造价。

2. 案例分析

审核人员根据工程签证的疑点逐个进行分析，在与发包人沟通后得知，原来疑点1是承包人没有上报工程签证编号11与工程签证编号16，原因是这两份签证是拆除钢筋，钢筋回收的价格应该归还发包人，审核人员最终把该项造价进行了扣除。

审核人员在审核疑点2时，发现承包人送审工程结算书中既套用了挖土机定额，又计算了6个工日的人工费造价，经查实该6个工日为挖土机操作人员的工日，属于签证重复，审核人员把该项造价进行了扣除。

审核人员在审核疑点3时，发现承包人送审工程结算书中既套用了拆除法兰阀门DN100的定额，又计算了3个工日的人工费造价，该工日在套用拆除法兰阀门中已经包含，故属于签证重复；再细查，本工程签证中的36个法兰阀门全部用在主体消防安装工程中，但消防安装工程中又计算了这36个法兰阀门DN100的主材费，审核人员把3个工日的人工费造价和主体消防安装工程中的36个法兰阀门DN100的造价均予以扣除。

3. 案例总结

工程造价人员要练就火眼金睛，每个工程结算的审核工作都会遇到很多资料，要有耐心，能安静思考，推理每份送审工程结算资料的逻辑关系。

工程造价人员对于招标工程量清单编制与工程结算审核的基本功要扎实，这是工程造价为建设工程起到重要作用的前提。

第七章 工程造价成果质量复核与工程造价核对技巧

本书第一章已经介绍了工程造价行业的误差，把误差的要求安排在第一章是希望大家能对行业质量要求有高度地认识，本章主要讲解工程造价业务中的成果质量复核技巧及工程造价核对技巧。

第一节 工程造价成果质量复核技巧

工程造价成果质量的影响是多方面的，工程造价是一项严谨的工作，不能有半点马虎。

一、工程造价成果质量的重要性

工程造价成果是工程造价人员辛勤劳动的结晶，要经得起历史的考验。建设工程相关单位的盈利与亏损和工程造价成果质量存在一定的关系。工程造价人员不但要把工程造价成果做到合格的质量标准，更应该向优质的质量标准靠齐，交给委托人优质的成果，从而赢得委托人的称赞。

（一）工程造价成果质量是规范招标控制价及工程量清单施工招标投标活动的重要基础

招标控制价编制及工程量清单编制的成果质量，会影响发包人对中标造价的决策，也会影响施工合同是否可以顺利履行，如果在招标投标阶段没有把控好工程造价成果质量，将会全盘皆空，整个项目处于失控状态，造成相关单位无法挽回的损失。

（二）工程造价成果质量是确保发、承包人合理利益的基本前提

工程造价专业性要求很高，工程造价成果要有较强的合理性，工程造价人员的优势就是利用自己丰富的专业经验，合理及合法地编制或审核工程造价，把工程造价控制在合理范围内。合理及合法地编制或审核工程造价是公允的，既包含承包人应该获取的利润，也是发包人愿意支付的合理成本。

（三）工程造价成果质量是树立工程造价人员良好形象最快速的办法

工程造价人员经办的工程造价业务，如果工程造价成果质量好，依据充足，就会快速提升个人的良好形象，因为一个人是否优秀，从工作中是很容易反映出来的，优秀的人才会被同行认同和赞誉，一传十、十传百，在同行中就会增加自己的知名度。

（四）工程造价成果质量控制是避免工程造价人员或工程造价咨询企业承担法律责任的重要措施

工程造价人员或工程造价咨询企业制订合理及合法的工程造价成果质量控制制度，严格执行，规范执业，就不会产生重大误差，避免承担相应的法律责任。

二、工程造价成果质量的三级复核制度

工程造价成果质量要想提高，首先提高工程造价人员的业务水平，实行有效的三级复核制度。工程造价人员及工程造价咨询企业要对工程造价的成果质量负责，重视诚信，不要承接超过自己能力范围的业务。工程造价人员对经办的业务往往比较难发现自己的问题，有条件的单位可以进行工程造价成果的三级复核。以下是三级复核制度的注意事项：

1. 三级复核制度是为了保证工程造价咨询成果的准确性、合法性及完整性而制订的工程造价成果质量复核制度。

项目负责人首先要把业务交给能胜任业务的工程造价人员进行编制或审核，选用人才是保证工程造价成果质量的第一步，人才选对了，接下来的工作就顺了；其次是第二级复核人或第三级复核人要对工程造价编制或审核人员进行业务指导与培训，从业务开始贯穿整个业务过程进行全面指导；还要注意所有参与的工程造价人员的相互沟通。只有做到这些，工程造价业务效率和工程造价成果质量才能有所提高。

2. 工程造价成果质量三级复核制度，是对工程造价业务全过程中工程造价编制或审核人员自查、项目负责人复核、技术负责人审核的工程造价成果质量复核的制度。

3. 工程造价经办人应受过工程造价专业教育和业务培训；项目负责人要具有较高水平，有条件的可以选用工程造价专业中级工程师、一级造价工程师或同等水平专业技术人员；技术负责人则需要具有更高水平，有条件的可以选用工程造价专业高级工程师、一级造价工程师或同等水平专业技术人员。

4. 第一级复核：工程造价编制或审核人员对工程造价成果质量的自查属于第一级复核，也叫自查，并把计算稿和成果文件交给更高一级复核人检查，同时抄送一份给技术负责人。可以按以下提纲进行自查：

（1）工程造价成果是否包含编制或审核的工程全部范围。

（2）是否对编制或审核工程造价的全部范围均形成详细的工作底稿，工作底稿包括计算稿和文字记录。

（3）是否检查数据引用、数据计算、数据调整及数据汇总等的正确性。

（4）编制的工程量清单和招标控制价对没有包含的设计图纸内容，是否在编制说明中予以详细说明。

（5）编制的工程量清单和招标控制价是否在编制说明中对安全生产措施费、暂列金额、专业工程暂估价等予以详细说明。

（6）图纸中模糊不完整的内容、设计深度不完善的内容及设计不明确的内容等，是否在工程量清单招标控制价编制说明中注明，编制时说明是暂定的做法。

（7）对相关的工程造价咨询的真实性、完整性和合法性是否经过审核，是否查实原件。

（8）工程结算审核是否进行现场勘察以及现场必要的测量并形成相关记录。

（9）审核工程结算时是否把工程预算中的暂列金额及专业工程暂估价剔除，变成工程结算时按实计算。

（10）材料及设备用量是否已定价或采用市场计价。

（11）是否有甲供材料及设备，如有应在报告中进行说明。

（12）有无按施工合同规定或与投标文件同比例下浮。

（13）业务过程中存在的问题，是否向项目负责人或技术负责人进行交流和寻求解决方案，是否对把握不准或模棱两可的事项需要上一级确定的。

（14）对业务中出现的复杂事项、重大分歧、争议较大、差异较大或有重大影响造价的问题，初步成果是否有说明并分析说明，判断和结论是否正确、依据是否充足。

（15）复核工程量计算依据是否齐全，是否有多计、少计或漏计。

（16）复核定额组价是否正确。

（17）复核取费标准。

（18）是否有加减乘除等错误。

（19）是否结合实际情况对编制工程量清单的分部分项工程与措施项目进行划分。

通常来说分部分项工程是指"拟建工程的分部实体工程项目"，措施项目是指"为完成工程项目施工，发生于施工准备和施工及验收过程中技术、生活、安全生产、环境保护等方面的项目"。在招标工程量清单编制中，有些清单项目是比较难划分的。比如基坑支护工程，按道理应该属于非实体的措施项目，但招标人提供详细设计图纸，这种情况应该划分为分部分项工程，但如果基坑支护工程是非招标人提供详细设计图纸，在招标文件中要求投标人自行设计并报价，这种情况应该划分为措施项目，投标人在措施项目中进行报价。

（20）工程造价成果误差率是否控制在合理范围。

（21）拟定的审核报告是否符合相关规范要求，报告的用语及该注明内容是否恰当。

第一级复核是工程造价编制或审核人员自查，但工程造价编制或审核人员不能认为还有第二级复核和第三级复核，自己就可以马虎了事，这种想法非常不负责任。

5. 第二级复核：工程造价编制或审核人员在第一级复核完成后，把相关的报告、所有依据资料、计算底稿提交给第二级复核人，即项目负责人的复核。

第二级复核是再次核实，特别注意施工合同、招标文件、地质勘察报告、施工工艺、施工方案、定额组价、工程量清单应用、取费文件及人工费等编制或审核的结果是否正确。

（1）各专业的初步成果是否完成了工程造价咨询合同约定的全部内容，其深度是否达到工程造价咨询合同要求。

（2）业务过程是否按规定程序进行，应用方法运用是否恰当。

（3）初步成果计算稿及计价依据等是否准确。

（4）了解编制或审核人员对初步结果的分歧意见及其产生的原因，对分歧意见进行分析、判断和选择。

（5）工程造价成果误差率是否控制在合理范围。

（6）拟定的审核报告是否符合相关规范要求，报告的用语和内容是否恰当。

关于第二级复核，笔者建议全部详细检查，即几乎等于项目复核人"重新编制或审核一遍"，"重新编制或审核一遍"的双引号意味着第一级的经办人已经根据项目负责人的方法和流程编制或审核项目，项目负责人在业务过程中已参与和过问，整个过程思路很清晰，因此，第二级复核的项目负责人在进行复核时已有前提基础，比重新做一遍的用时当然是不等同的。显然，要想效率高，那第二级复核人提前介入越多，效果会越好。

第二级复核过程中，发现问题就要让经办人进行修改，指导经办人修改，修改后还要再次进行复核。

第二级复核是要把经办人的问题都解决，交出更高标准的答案。

6. 第三级复核：是第一级复核与第二级复核都完成后，第二级复核人把相关的报告、所有依据资料、计算底稿提交给第三级复核人，即技术负责人的复核。

技术负责人经验比前两级专业技术人员丰富，对计价文件、相关政策、综合单价、相关指标都非常有深度的把握，类似项目也做得多，所以复核时主要用指标复核技巧完成。

第三级复核阶段最关键的是指标分析法，更多的是大方向的审核，重点把握工程量指标与造价指标，复核是否存在原则性问题、是否存在违法或违规问题。

第三级复核原则上整个过程花费的时间不会比第二级复核花费的时间多，但是如果第一级复核或第二级复核人员专业水平不够高或不认真，则应该进行全部详细复核以保证工程造价成果的质量达到相关标准。

在实际业务过程中，三级复核的所有人员并不是没有沟通的，相反，整个业务过程中所有人员都要经常沟通。工程造价成果签署报告以后，还应包括售后服务阶段。第二级复核人，即项目负责人在项目编制或审核工程开始时，就应对编制或审核人员进行业务指导，对项目的重点与难点进行分析，让编制或审核人员有一定的专业认识，形成思路，有条理地进行，并且项目负责人在业务过程中经常进行过问与监督，同时也有利于项目负责人在第二级复核过程中提高效率。工程造价业务过程中所有参与人员的沟通是相互的，讲究人人平等，各方都要主动，不需要在乎谁更主动，只有沟通得好，业务成果才能更好，更有助于提高工作效率。

每一级的复核，追求的是降低误差率，这是编制或审核工作中的首要目的，也是专业技术人员的生命力来源，质量就是企业的生命。如果没有三级复核的程序，工程造价成果是很容易出错的，因为工程造价编制或审核人员既是业务最原始的经办人又是第一级的复核，往往没有项目负责人、技术负责人水平高，很难发现自己的问题，这也是错误的主要原因。

三级复核是一个循环过程，并不是独立的，可能一个项目会循环一次或两次，甚至更多次，以保证工程造价成果能控制在最小的误差范围内，达到委托人及行业的要求。对工程造价成果质量的重重把关，是提高成果质量必要的环节，也是工作的有力保障，是对客户负责任的体现。

注册会计师等多个行业出具报告也有三级复核的要求。关于三级复核，工程造价人员有条件的按条件执行，没条件的创造条件也要执行，严格执行复核程序。工程造价人员要培养谨慎、细心的做事方式，一旦出现问题，很容易因某个经办过的业务对自己造成负面影响，使自己的声誉受损。

工程造价人员打造自己的核心技术，在行业里塑造自己的良好口碑，珍惜他人提供给自己发挥才华的机会，感恩他人的信任，在工作中合理安排时间，细心负责，坚持原则，交出委托人满意的答卷。事情是做好了才是做完了，而不是事情做完了就是做好了。

三、工程造价成果质量复核案例分析

【案例一】

1. 工程概况

某厂房工程结算审核业务委托某造价咨询公司负责，工程造价人员在审核过程中，有一份抽水台班的工程签证注明为污水泵抽水台班为900台班。审核人员在初审过程中根据签证单的工程量进行定额组价计算，因该工程签证单的签名、盖章等手续完备，签证单表明污水泵数量10台，每天计2台班，按45d计算，总共900台班。本签证单表面上没有任何瑕疵，审核人员没有提出任何质疑。

审核人员将初审报告提交造价咨询公司项目负责人第二级复核后，项目负责人详细翻阅整个工程结算送审资料时发现，本项目基础工程从施工到结束工期45d，查阅监理日志记录实际污水泵抽水为22d，每天仅1个台班工作时间，数量6台。项目负责人在复核过程中形成了工作底稿记录，合理计算台班数量应该是132台班，经与委托人沟通，在委托人的协调下，承包人同意按132台班结算并重新修改了签证单的文字说明，该项核减工程造价约10.00万元。

2. 案例分析

本案例签证单手续完备，工程造价人员在初审过程中，仅根据签证单核算，而未对工程签证资料的合理性进行推测，似乎结果并无可疑之处。但其实在工程造价业务过程中，有很多类似的情况，资料都很完整，看不出猫腻，但有经验的审核人员能从一份资料中，扩展到与其他资料结合审核，贴合实际，才能真正审核出问题。带着疑点进行工程结算审核，审核人员的审核质量也会相应提高。

3. 案例总结

工程造价人员专业水平的提高是在不断积累、不断发现问题和解决问题的过程中实现的。作为造价咨询公司的项目负责人，也是本案例的第二级复核人员，应当要比初审的经办人更加有经验。

【案例二】

1. 工程概况

某绿化工程委托某造价咨询公司进行招标控制价编制并要求测算工程成本。工程造价人员在编制招标控制价时根据委托人的要求套用定额，并采用当地工程造价主管部门颁布的工程材料价格信息进行计价。在测算工程成本时，仅道听途说，没有深入了解市场就得出结论，根据招标控制价下浮3.00%～5.00%作为施工成本。

项目负责人进行第二级复核，认为编制人的工程量计算无误，定额组价合理，取费均合理。但经办人测算工程成本时，没有任何工作底稿，也没有进行充分的市场调查，项目负责人得出结论：该工程成本测算达不到深度要求，要求重新测算。

在项目负责人指导下，对苗木价格重新进行市场询价，对苗木的种植费、养护费等都查询了3家以上市场价格进行对比，最终形成工程成本应比招标控制价下浮18.00%的结论。项目负责人对编制人工作进行了重新复核，流程合理，依据充足，市场价格合理。

2. 案例分析

本案例为工程成本测算，编制人的招标控制价虽然编制合理，但委托人要求测算的工程成本最开始的结果是不合格的，流程不对则结果皆空。可见，不合理的结果是拿不出手的。在本案例中，项目负责人严谨的工作态度令人刮目相看，正是符合工程造价对从业人员的素质要求。

3. 案例总结

本案例测算施工成本是一项重要技巧，但由于每个地方的定额标准都不一样，每个专业的工程造价测算的下浮点也不一样，工程造价人员就更需要具备一定的方法技巧，才能准确把握，不能只会定额组价。试想，如果没有定额的情况下，工程造价成果就无法编出来了吗？答案是否定的，因为有强大的市场询价技巧和市场收集的大数据，再加上正确解决业务的方法就可以胜任这项工作。

【案例三】

1. 工程概况

某电气安装工程结算审核业务委托某造价咨询公司负责，该工程采用工程量清单计价模式，工程量按实际工程量结算，单价合同计价方式。

工程造价人员在审核过程中，按照施工合同约定条款，对配电箱、灯具等综合单价完全采用了原施工合同签订时的投标综合单价。审核完成后，工程造价成果交给项目负责人进行第二级复核。

项目负责人详细审核了送审工程结算所有资料，并带领工程结算审核小组到工程现场测量并查看。承包人实际采用的配电箱及元器件的品牌为中低档次的品牌，但施工合同约定的几个参考品牌均为高端品牌。在重新进行询价后，对配电箱的综合单价进行了核减，承包人最后也认可了。

2. 案例分析

工程造价人员在该工程结算审核中只是照搬了施工合同条款，没有仔细研究施工合同条款对材料及设备品牌的要求，在项目负责人的第二级复核时进行了按实调整，并且实事求是的态度让承包人信服。

3. 案例总结

工程结算审核需要的经验比工程预算编制需要的经验要多，但工程预算编制是基础，是工程造价人员成长的过程，不可忽略。

工程造价人员对于工程造价成果质量复核的技巧可以从实务中总结出来，方法多种多样，但最终目标都是将质量控制在合理误差范围内。

第二节　工程造价核对技巧

工程造价核对是每名工程造价人员都会遇到的工作，核对工作持续时间较长，实际上每个参与单位都想提高效率以便提高效益。此项工作涉及程序繁多、过程复杂，但若想要节省时间，并不是没有更好的方法。

一、工程造价核对注意事项

工程造价核对虽然是工程造价人员都会面对的工作，核对的进度与效果却因人而异。工程造价人员负责核对工作时有以下注意事项：

1. 准备要充分，要知道准备核对什么内容、争议的焦点是什么以及人员专业分工情况。

2. 专业的人说专业的话，做专业的事。一般来说，认真仔细的做事风格最能征服他人。初次核对时，应察言观色，了解对方的每个人具体负责什么，经办人的性格与脾气如何，通过对方的言行举止判断其专业水平如何，这些都会影响到工作效率。

3. 工程造价人员要有经验，不但要求专业基础知识扎实，还需要具备一定的口才、沟通能力、应变能力、组织能力、协调能力、变通能力及心理承受能力等综合能力。

4. 坚持公平、公正的原则，目的是让对方心服口服地认可结果，这才是硬道理。

5. 工程造价核对过程中表达要清晰，言谈时声音要洪亮。

6. 要注意核对的语言，比如说"扣多少"，对方听起来虽然是有道理，但语言表达令人反感，可以说"该部分因汇总错误，核减造价多少"。

7. 工程造价核对是细心、紧张的工作，要不厌其烦。

8. 用事实和依据说话，没有依据的核减要经过查实后才能定论，没有依据的数据是不成立的。

9. 工程造价核对时乱吼乱叫只会使事情恶化，不尊重对方的态度只会让沟通陷入僵局，这种核对方式是没有任何意义的。法治社会，一切讲依据，没有依据是不成立的，法律面前人人平等。

10. 注意审核人员的权威性，树立专业形象。

工程造价有差异是很正常的，但参与工程造价核对的专业技术人员有良好的心态去应对，会起到积极的作用。

二、工程造价核对方法

工程造价的差异，主要是工程量差异、综合单价差异、取费差异。一般先核对工程量差异，再核对综合单价差异，最后核对取费差异。

核对过程中求大同存小异，先把双方能够达成一致意见的核对完成，把双方暂时还未达成一致意见的汇总出来，留到最后处理，不能因为一个小问题争论半天而得不到结论，到最后将争议问题汇总后上升到施工合同主体双方领导层次解决，领导层会对争议进行权衡，有自己的解决办法。可能经办人觉得无从下手的争议问题，在领导层面只用短暂的时间拍板敲定，在实际情况中经常会遇到这种情况。

（一）工程量差异核对技巧

工程量差异核对时，要清楚计算范围，熟悉工程量计算规则。在这里笔者介绍一种拆分的办法来处理。

某项目有地下室1层，地上3层，承包人结算时上报钢筋总工程量为1800.00t，审核单位审核工程量为1700.00t，差异很大，这时候双方都要找出原因。从宏观角度来看，审核单位核减工程量为100.00t，这只是核减结论，但要快速知道核减明细，可以用拆分方法将总工程量进行分解，第一步可以按层拆分，按层拆分结果对比如表7-1所示。

钢筋按层拆分工程量对比表　　　　　　　　　　表7-1

序号	楼层	送审工程量 （t）	审核工程量 （t）	核减工程量 （t）	核减率
1	地下室	570.00	520.00	−50.00	−8.77%
2	地上一层	450.00	452.00	2.00	0.44%
3	地上二层	420.00	418.00	−2.00	−0.48%
4	地上三层	360.00	310.00	−50.00	−13.89%
	合计	1800.00	1700.00	−100.00	−5.56%

通过表7-1分析，钢筋工程量审核单位总的核减率为−5.56%，其中地下室钢筋核减率为−8.77%，地上一层钢筋核减率为0.44%，地上二层钢筋核减率为−0.48%，地上三层钢筋核减率−13.89%。地上一层钢筋与地上二层钢筋的差异率都在1.00%范围内，这个结果相对来说较小，最后双方各自检查自己计算

稿便可解决。问题的关键是地下室钢筋和地上三层钢筋工程量差异较大，经过查实，地上三层钢筋是因承包人送审计算稿中建模型时直接将地上二层钢筋复制到地上三层，其中地上三层钢筋不仅配筋稍小，而且部分面积比二层缩小了，剔除多建模型部分的工程量，最后地上三层工程量差异也在1.00%范围内。

目前差异最大的是地下室钢筋工程量，下面进行第二步地下室钢筋按构件拆分工程量对比，如表7-2所示。

地下室钢筋按构件拆分工程量对比表　　　　表7-2

序号	构件	送审工程量 （t）	审核工程量 （t）	核减工程量 （t）	核减率
1	板	185.00	155.00	−30.00	−16.22%
2	梁	130.00	131.00	1.00	0.77%
3	柱	135.00	110.00	−25.00	−18.52%
4	墙	80.00	79.00	−1.00	−1.25%
5	其他	40.00	45.00	5.00	12.5%
	合计	570.00	520.00	−50.00	−8.77%

通过表7-2分析，地下室钢筋工程量审核单位总的核减率为−8.77%，其中板钢筋工程量核减率为−16.22%，梁钢筋工程量核减率为0.77%，柱钢筋工程量核减率为−18.52%，墙钢筋核减率为−1.25%，其他钢筋核减率为12.5%。经查实，梁和墙钢筋工程量差异1%左右，双方自查后很快得出结论。重点是差异大的板钢筋工程量核减率为−16.22%、柱钢筋工程量核减率为−18.52%、其他钢筋工程量核减率为12.5%，最后抓住这几项进行核对就可以了，效果非常明显。

通过以上拆分的方法，事情变得相对简单，但如果不会应用这个方法，而是双方采取最原始的方法，即一条一条钢筋核对，那工作量就多了很多倍，也不知何时才能得到结果。

凡事都需动脑筋，办法是人想出来的。总体来说，不同的工程存在一定的差异，但方法大同小异。

（二）综合单价差异核对技巧

综合单价的差异是定额组价的差异或材料及设备价格的差异，或两者都存在差异。综合单价根据施工合同，一般规定按投标综合单价进行工程结算，如果投标没有的综合单价就根据施工合同原则进行组价，差异原因是定额组价错误，或者大家对定额理解不一致，或者是组合综合单价所应用的材料及设备价格差异。根据施工工艺、工料机的含量对应的定额子目来套用是有说服力的，如果实在没有合适的定额，原则上要有补充定额的程序，有时候也采用市场询价来确定综合单价。如果是组合综合单价的材料及设备价格存在差异，需要根据施工合同中的约定进行判断，一般分为两种，一是根据信息价结算，二是按市场价结算，前者根据信息价结算就有参考，后者就需要双方询价确定。

（三）取费差异核对技巧

取费差异问题主要是税金、措施项目费的费率，或其他取费，相对较容易解决，在工程量与综合单价核对完毕后再统一进行处理比较好。这些取费标准是很明确的，直接按照相关文件规定或定额标准执行即可，没有那么复杂。

（四）核对造价争议问题解决

核对造价双方将核对造价过程中未达成一致意见的部分进行汇总，逐项分析，注明双方各自凭借的依据和意见，分析完双方再次核对一遍，能够说服对方达成一致意见最好。确实存在争议问题解决不了的，就需要上报更高层次的领导解决。原则上，这个阶段留下来的问题数量和争议造价金额越少越好，并不是越多越好。在最后阶段解决问题的心态更加重要，还需讲究格局和解决问题的诚意，领导层面有自己的决策思路去谈判，据此得到最终的结果和意见。

工程造价核对工作是一项综合性很强的工作，工程造价人员要对项目非常熟悉，包括涉及的所有文件、清单规范、定额及价格等，并需要掌握核对技巧，以求核对工作顺利开展，圆满完成任务。

初学者是比较难以完成工程造价核对工作的，需要经过一段时间的磨炼。当然，方法比努力更重要，要多研究方法。真正的核对，其实是两兵交锋、各为其主，意义重要，但又不失相互之间的尊重，以客观事实为基础，法律、法规为准绳。有时候结果不但涉及工程造价的多与少问题，还涉及双方技术较量和声誉问题。

三、工程造价核对案例分析

【案例四】

1. 项目概况

某工程，发包人委托造价咨询公司审核工程结算，审核人员在与承包人核对结算时，用了10d时间完成，并调整了核对后的工程结算造价交给发包人。

承包人在核对完成后，发现经核对后的工程结算造价与自己的期望值相差较大，在核对完成后过了几天，向发包人提出要求重新进行核对工程结算造价，而这次核对几乎换了经办人、换了思路，这次重新核对严重影响了审核人员的工作效率。但第一次核对时双方没有签名和盖章确认，最后要求再次核对，整个过程浪费了不少时间。

2. 案例分析

从本案例可以看出，工程造价核对方法和程序很重要，工程造价人员在工作中会遇到很多情况，也会遇到各种做事方式的人。在本案例中，工程结算核对了两次，理论上来说不科学，需要总结更好的方法。对于不诚信的人，就需要有对付不诚信人的方法，可以在每天核对完成后增加签名和盖章确认手续的环节。

3. 案例总结

工程造价人员可以一边对账，一边整理核对人员签名和盖章的资料，以免后期推翻造价又要重新核对，重复工作。

【案例五】

1. 项目概况

某工程，发包人委托造价咨询公司审核工程结算，造价咨询公司审核人员在与承包人核对工程结算造价时，要求每个有差异的工程量，审核人员与承包人需一起在图纸上从头到尾将所有构件核对一遍，效率很低。造价咨询公司项目负责人根据工作情况，与审核人员介绍了拆分找差异的方法，把有差异的工程量按栋、按层及按构件等进行拆分，双方进行对比，拆分后发现双方有差异的工程量再进行核对，没差异的工程量不作核对，提高了工作效率。

2. 案例分析

从本案例中得知，方法是多种多样的，但要选择在能确保质量的前提下有更高的工作效率，就是工程造价人员应该思考的地方。

3. 案例总结

好方法能让工作越来越轻松。工程造价人员要想节省工作时间，就需在工作中思考并选择能保证工作质量符合要求的前提下，适合自己的快捷工作方法。工程造价成果质量复核按照特定的方法进行复核是有效果的，也是必需的。工程造价人员除了熟练掌握工程造价专业技术之外，工程造价核对更多的是需要专业与情商的结合，才能把工作变得更加轻松。

第八章 ▷ 工程造价索赔与施工合同纠纷解决技巧

工程索赔是指当事人一方因非己方的原因造成经济损失、费用增加或工期延误（或延长），按合同约定或法律法规规定应由对方承担赔偿或补偿义务，从而向对方提出经济损失赔偿或补偿和（或）工期调整及其他的要求。工程反索赔是指施工合同主体一方向另一方对工程索赔进行反驳，让工程索赔不成立或降低赔偿的行为，施工合同主体双方都有工程反索赔的权利。

在工程项目建设过程中，经常会遇到施工合同纠纷，主要是发包人与承包人的工程造价纠纷。建设工程各参与单位人员各为其主，这是人之常情。建设工程有纠纷很正常，有纠纷就要正面应对，要用积极的态度解决，而不能用消极的态度对待，否则纠纷将会扩大，因为建设工程与时间紧密相关，时间就是金钱。

第一节　工程造价索赔技巧

承包人要求赔偿时，可以选择以下一项或几项方式获得赔偿：

1. 要求发包人合理延长工期；

2. 要求发包人支付实际发生的额外费用；

3. 要求发包人支付合理的预期利润；

4. 要求发包人按施工合同的约定支付违约金。

发包人要求赔偿时，可以选择以下一项或几项方式获得赔偿：

1. 要求承包人延长质量缺陷修复期限；

2. 要求承包人支付实际损失的额外费用；

3. 要求承包人按施工合同约定支付违约金。

施工合同主体一方向另一方提出索赔时，应有正当的索赔理由和有效证据，并应符合施工合同的相关约定。工程索赔与工程反索赔都应以事实为依据，以施工合同为准绳。

一、常见的工程索赔

工程索赔产生的原因较多，常见的工程索赔有以下原因：

1. 施工合同不具备施工条件，比如施工合同约定开工日期，但最终由于发包人原因未能在约定的开工日期开工，导致承包人进场并产生窝工与机械闲置、材料及设备价格上涨等事实；

2. 地质勘察报告不够明确，未能真实反映施工现场实际情况；

3. 因发包人或承包人原因导致的工期延长；

4. 未支付工程款会涉及多方面的影响，会引起工程索赔；

5. 发包人指令引起的索赔；

6. 施工合同或招标文件不够严谨；

7. 施工合同存在霸王条款，承包人先中标，过程中找机会或创造机会进行索赔；

8. 工程量清单有误；

9. 发包人擅自减少施工范围，承包人要求利润补偿并提出工程索赔；

10. 气候变化因素；

11. 不可抗力因素。

建设工程过程是复杂的，变化的因素是多样的，工程索赔就会应运而生。

二、积极应对工程索赔

工程索赔一般都和经济有关，工程造价人员应该培养自己的工程索赔与反索赔的技巧与理念。发包人与承包人都要积极地应对工程索赔，工程索赔可大可小，如果消极的态度应对，后果可能会不堪设想。积极应对工程索赔，有以下几点需要注意：

1. 招标阶段尽可能防患于未然，将问题前置，工程造价人员协助招标人对招标文件、拟定施工合同初稿中的招标范围、计价原则、技术要求等条款重点把关。一份招标文件和拟定施工合同都有一两百页，篇幅较长，字数也多，容易出现前后矛盾和错误内容或者表达不清晰。可以应用国家推荐的范本进行补充修改，形成本项目的文件。若想做到天衣无缝也是不可能的，凡是有漏洞的地方都会是以后工程索赔的苗头。一旦出现工程索赔，项目前期文件是非常重要的依据，发包人可以拿出原始文件进行解释，回复承包人提出的工程索赔申请。

2. 工程造价人员处理工程索赔需要懂专业、懂法律、懂施工合同、懂施工及懂工程索赔程序。承包人工程索赔要想取得成功，就要培养精通工程索赔经验的工程造价人员，工程造价人员应该熟悉《中华人民共和国民法典》《中华人民共和国建筑法》《中华人民共和国招标投标法》、现行国家标准《建设工程工程量清单计价标准》GB/T 50500—2024以及其他相关的定额等，同时也要熟悉现场施工，根据事实计算工程索赔费用，还要会用文字进行表达，用语言清晰地进行交流，要善于用法律手段来处理工程索赔。

国外工程索赔非常多见，工程索赔技巧是项目扭亏为盈的高级方法。在国外有专门的工程索赔专家团队，甚至专业的工程索赔咨询单位，收费昂贵，但得到的回报是可观的，花费的咨询费用是有价值、有意义的。

3. 注重工程索赔资料的收集。

无论是工程索赔还是工程反索赔，工程造价人员都应该对整个项目建设过程的相关文件、会议记录及施工照片等资料进行收集，其中施工照片有水印日期和体现施工地点为佳，若施工视频和施工照片能有发包人和监理单位的代表一起拍摄，会更有说服力。工程造价人员要处理好工程索赔，也可以搜集地质勘察报告是否与实际相符、是否有障碍物要清理、是否有气候变化及是否有国家政策调整文件等，而在施工过程中还要找出设计图纸的错误、设计图纸不详细及各专业之间相互冲突等问题并汇总出来，为工程索赔做好基础工作。

4. 工程索赔的时效与程序。

《建设工程工程量清单计价标准》GB/T 50500—2024规定，根据施工合同约定，承包人认为非承包人原因发生的事件造成了承包人的损失，应按以下程序向发包人提出索赔：

（1）承包人应在工程索赔事件发生后合同约定的期限（合同未约定的为28d）内，向发包人提交相关事件的书面工程索赔意向通知书，说明索赔事件发生的原因及索赔意向。承包人逾期未发出工程索赔意向通知书的，可按合同约定处理。

（2）承包人应在工程索赔意向通知书发出后合同约定的期限（合同未约定的为28d）内，向发包人提交相关的书面工程索赔报告，详细说明索赔事件发生的原因、索赔依据的合同条款及要求索赔的费用或（和）工期延长天数，并提供必要的记录和证明材料及索赔费用的计算明细表。

（3）承包人提出的索赔事件同时涉及费用增加及工期延长的，应一并提出。

（4）工程索赔事件具有连续影响的，承包人应按合同约定的期限（合同未约定的不超过28d）或合理时间间隔持续提交延续相关工程索赔意向通知书，说明持续影响索赔事件的实际情况和提供相关记录，列出累计的索赔费用和（或）工期延长天数。

（5）承包人应在连续影响工程索赔事件结束后按合同约定的期限（合同未约定的为28d）内，向发包人提交相关的最终工程索赔报告，详细说明整个索赔事件发生的原因、索赔依据的合同条款及要求索赔的合计费用或（和）工期延长天数，并提供必要的记录和证明材料及索赔费用的计算明细表。

承包人索赔应按下列程序处理：

（1）发包人应在工程索赔事件发生后按合同约定的期限（合同未约定的为28d）内，向承包人提交相关事件的书面工程索赔意向通知书，说明索赔事件发生的原因及索赔意向。发包人逾期未发出工程索赔意向通知书的，可按合同约定处理。

（2）发包人应在工程索赔意向通知书发出后合同约定的期限（合同未约定的为28d）内，向承包人发出相关事件的书面工程索赔报告，详细说明索赔事件发生的原因、索赔依据的合同条款及要求索赔的费用，并提供必要的记录和证明材料及索赔费用的计算明细表。

（3）工程索赔事件具有连续影响的，发包人应按合同约定的期限（合同未约定的不超过28d）或合理时间间隔持续向承包人发出相关工程索赔意向通知书，在连续影响工程索赔事件结束后按合同约定的期限（合同未约定的为28d）内，向承包人发出相关的最终工程索赔报告，详细说明整个索赔事件发生的原因、索赔依据的合同条款及要求索赔的合计费用，并提供必要的记录和证明材料及索赔费用的计算明细表。

根据施工合同约定，发包人认为由于承包人的原因造成发包人的损失，应参照承包人索赔的程序进行索赔。工程索赔的时效性很强，要抓住时机。

工程索赔与工程反索赔情况很复杂，结果具有不确定性，实务方面需要比较高水平的工程造价人员才能驾驭，并非一名初学者就能解决的。

三、工程索赔案例分析

【案例一】

1. 项目概况

某房地产项目土建施工总承包工程，施工合同约定是单价合同计价方式，总工期360d。发包人因资金周转原因迟迟未支付工程款，未按进度支付，导致承包人资金压力巨大，无奈之下多次与发包人协调未果，被迫停工。

承包人及时向发包人提出工程索赔，索赔费用计算包括窝工费、机械闲置费等费用约60.00万元。发包人审核了工程索赔，最后同意该项工程索赔费用，在资金周转顺畅时，支付了应付进度款，并支付了承包人提出的60.00万元工程索赔款。

2. 案例分析

本案例工程索赔原因是施工合同约定的发包人应支付工程款而迟迟未支付工程款，未按进度支付。承包人承担较大风险，承包人也注意到自己的风险控制，最终停工并提出相关索赔。施工合同约定是清晰的，发包人明事理，通过协商解决，没有上升到仲裁或诉讼层次，算是友好解决的处理方式。

3. 案例总结

从本案例可以看出，遵守法律、按施工合同执行的重要性。施工合同是发包人与承包人的合约，双方都应严格遵守。如果发包人提前预估到资金流动问题，是否可以把施工合同中约定的付款时间延长一些，或者和承包人协商让承包人先进行施工，之后再酌情支付部分利息，不至于停工且最后被承包人提出工程索赔的情况。发包人可以对比分析上述方案，看哪种方案更合适。

【案例二】

1. 项目概况

某厂区项目，装饰装修工程其中一项乳胶漆工程量清单工作内容描述漏了腻子层，本工程属于总价合同计价方式，承包人提出工程索赔，涉及工程造价约50.00万元，理由是发包人招标时提供的工程量清单描述中漏了腻子层工作内容，承包人也没有对此进行报价，施工合同协议书中约定工程量清单错误风险由发包人承担，《建设工程工程量清单计价标准》GB/T 50500—2024也明确工程量清单风险由招标人承担，本工程索赔合理，发包人同意。

2. 案例分析

本案例很典型，是经常出现的工程量清单编制质量问题，施工合同协议书中约定工程量清单错误风险由发包人承担，《建设工程工程量清单计价标准》GB/T 50500—2024也明确工程量清单风险由招标人承担，最终承包人工程索赔成功。发包人就算有意见，因为自己前期工作的失误，也要为自己的过失承担相应的责任。

3. 案例总结

本案例的产生主要明确以下两点：

（1）工程量清单编制的质量要求高标准。一个项目的工程量清单少则几百条，多则几千甚至过万条，工程造价人员要细心编制。

（2）施工合同协议书的解释顺序较为优先，如果是总价合同计价方式，招标人招标时在招标文件中可以进行计价说明，即工程量清单仅作为投标人参考，投标人应进行详细核算，如对招标人提供的工程量清单有异议，应另外列出增减工程量清单进行报价，即在原招标人提供的工程量清单报价的基础上另行把有异议的造价汇总起来，作为投标总造价。发包人在施工合同协议书、通用条款与专用条款中也附上与招标文件相应的计价说明，如果做到这一点，是否可以有效地减少工程结算纠纷呢？

【案例三】

1. 项目概况

某写字楼工程，施工合同约定工期260d。实际施工时，开工日期按施工合同约定日期开工，没有不可抗力事项，承包人工期未按施工合同约定的节点工期进度施工，严重滞后，后来承包人提出在混凝土中加入早强剂进行抢工期，最终还是延误工期35d。施工合同约定每延误一天要扣除工程结算造价3.00万元。

承包人提出了工程索赔，要求混凝土增加早强剂造价35元/m³，总共提出增加造价70.00万元。发包人收到承包人的索赔申请后，提出反索赔，要求扣除承包人延误工程3.00万元/d，35d共扣除105.00万元，不同意增加早强剂费用申请。

2. 案例分析

本案例很典型，发包人如果不懂反索赔技术，不但没有想到扣除承包人延误工程3.00万元/d，35d共扣除105.00万元，反而同意增加早强剂申请费用70.00万元，对于发包人来说就是损失175.00万元了。

3. 案例总结

本案例情节看起来简单，实质上并不简单，隐含着逻辑关系。承包人想提出工程索赔申请，结果被发包人进行了反索赔。作为承包人也应该明白施工合同的原则，发包人要熟悉反索赔的技巧。

工程造价人员正确应用工程索赔与工程反索赔技巧，是保护单位合法权益的有力保障，应该要增强这方面的知识与能力。

第二节　施工合同纠纷解决技巧

一、施工合同纠纷常见原因

无论是发包人还是承包人，都不希望产生施工合同纠纷。但由于施工合同的深度不足，或者施工合同主体双方对施工合同的理解存在差异，或者建设工程过程中的复杂因素，导致产生施工合同纠纷。以下是导致施工合同纠纷的常见原因：

1. 施工合同的效力是有效还是无效的纠纷；

2. 施工合同若无效，应如何计算已建工程造价；

3. 备案的施工合同和"补充协议"不一致，存在"阴阳"合同，在工程结算时应采纳哪一份合同作为工程结算依据；

4. 施工合同约定的计价方法不够详细导致争议，比如综合单价计价标准、采用定额标准及采用材料及设备价格标准等不够详细；

5. 施工工期纠纷，对施工工期的开工时间、竣工时间及延误工期原因；

6. 发包人未按施工合同约定支付工程款，导致工程停工损失；

7. 施工合同对承包范围不明确；

8. 施工合同存在霸王条款；

9. 施工过程中不及时办理相关签证手续、变更手续，施工完成后发包人不予认可，承包人吃了"哑巴亏"；

10. 工程量清单编制质量不达标，导致工程量不准确，工程量清单描述错误；

11. 材料及设备突然调整上涨，出乎意料，施工合同未约定调整方案；

12. 工程造价人员对文件资料的理解偏差。

工程造价人员对施工合同纠纷实务了解得越多，就越有更好的方法去应对施工合同纠纷。

二、施工合同纠纷解决原则

施工合同纠纷的解决主要是对原则的确定，只有原则确定了，问题才能迎刃而解。在处理施工合同纠纷过程中，应该坚持以下原则：

（一）公平、公正原则

办事原则公平、公正，是解决施工合同纠纷的重要原则。勘查现场和核对工程造价时都要求发包人与承包人到场、签名确认。

（二）和谐态度原则

协商及调解，都讲究方法，和气生财。施工合同主体双方应该尽量减少纠纷，把复杂问题简单化处理。

（三）高情商原则

对于施工合同纠纷，硬碰硬的处理方式会使得事情恶化，施工合同主体双方都要有解决问题的诚意。

（四）坚持原则

法律是讲究证据的，没有依据一切都是空谈。工程造价资料在施工过程中不及时签名和盖章，就无法计算工程造价，最终产生施工合同纠纷。

（五）尊重事实原则

承包人在施工过程中没有及时办理并妥善保管的资料，到工程结算阶段再去找是很难的。这种情况就需要发包人、承包人和监理单位以实事求是的态度，公平、公正地对待，摆正心态。承包人组织工人施工也不容易，但作为发包人，如果不是实际施工的工作内容，工程结算时是不会认可的，应该相互理解。

解决施工合同纠纷的思路，以原则为指导思想，把大的纠纷化成小的纠纷，把小的纠纷变为没有纠纷，这是工程造价人员应用自己专业技术解决复杂问题的能力。

三、施工合同纠纷解决方式

施工合同履行过程中有纠纷时，施工合同主体双方不能达成一致意见的，应通过友好协商方式解决。经协商不能达成一致意见的，可以通过委托争议评审委员会（或机构）进行评审、委托具有调解能力的调解人（或机构）进行调解、仲裁或诉讼方式解决。不管采用什么方式，首要条件必须合法，不得损害国家、社会及第三人利益，这点是必要基础。

（一）委托争议评审委员会（或机构）进行评审方式

争议评审委员会（或机构）应在收到争议事项文件资料后，全面了解争议事项的发生实情，并在收到争议事项文件资料后的约定时间内将争议处理意见以书面形式同时提供给施工合同主体双方，包括相关的详细说明和依据。

（二）委托具有调解能力的调解人（或机构）进行调解方式

施工合同主体双方采用调解方式解决施工合同履行过程中发生争议事项的，应在施工合同中约定或在施工合同履行过程中双方共同选择、确定具有调解能力的调解人（或机构），负责双方在施工合同合同履行过程中发生争议事项的调解。

（三）仲裁方式

施工合同主体双方通过争议评审委员会（或机构）或调解人（或机构）的争议处理方式仍未达成一致意见的，可就争议事项向施工合同约定的仲裁委员会申请仲裁或向人民法院提起诉讼。选择仲裁方式，首先施工合同要有相关约定，如果约定诉讼方式就不能选择仲裁方式。仲裁作为解决商业纠纷的重要方式，具有与法院诉讼同等的法律效力和强制执行权力。目前对于仲裁案件互联网上一般不会公开，保密度高。因为仲裁有一定的程序，解决时间相对比协调方式与调解方式用时较长，但往往会比诉讼方式用时短。仲裁方式是一裁终局制，所谓一裁终局制，是指仲裁机构对申请仲裁的纠纷进行仲裁后，裁决立即发生法律效力，当事人不得就同一纠纷再申请仲裁或向人民法院起诉的制度。

（四）诉讼方式

施工合同主体双方通过争议评审委员会（或机构）或调解人（或机构）的争议处理仍未达成一致意见的，根据施工合同约定有诉讼方式解决纠纷的，可以选择诉讼方式解决纠纷。诉讼方式处理纠纷程序较多，诉讼方式是二审终审制，是指一个案件经过两级人民法院审理即告终结的法律制度。二审终审制，如果当事人对地方各级人民法院审理的第一审案件所作出的判决和裁定不服，可以依法向上一级人民法院提起上诉，要求上一级人民法院对案件进行第二次审判；经第二审人民法院对案件进行审理，所作出的判决和裁定是终审判决和裁定，当事人不服不得再提起上诉，人民法院也不会按照上诉程序审理。

采用诉讼方式，审判文书将在互联网上公开，这是诉讼方式与其他施工合同纠纷解决方式的明显区别之一。

以上四种施工合同纠纷处理方式各有各的优势，如果施工合同主体双方各让一步，也许解决纠纷就会降低难度，也不会对簿公堂，以后还有机会再次合作。仲裁方式与诉讼方式解决施工合同纠纷，通常都会各自聘请律师或法律顾问加入，花费的成本较大，并且时间跨度也较长。

知法、守法、懂法是每个公民的义务，也是每个法律主体的义务，其实各单位都不想走到打官司这一步，耗时耗力，只是没有找到更好的解决方案，只能走到最后这一步。

四、如何避免施工合同纠纷

在建筑市场竞争日益激烈的条件下，承包人与发包人之间的经济利益冲突与日俱增。施工合同纠纷往往导致发包人与承包人冲突较为激烈，甚至可能出现偏激行为，工程造价人员对于棘手的问题要研究更多的解决方法。为了尽可能避免施工合同纠纷，工程造价人员应注意以下事项：

1. 施工合同签订时要有工程造价人员与法律顾问参与，法律顾问最好是在工程纠纷问题上有着丰富经验的律师，并且要懂得建筑相关法规以及了解工程造价计价相关法规。因为每个律师都有其擅长的专业，对建筑行业并不一定都熟悉。

2. 杜绝低于成本价中标。众多的事实告诉我们，低于成本价中标更容易产生纠纷，施工期间可能会出现停工等问题。因此，投标人在投标时应对工程成本进行合理地测算，对建设工程风险进行评估。

3. 邀请诚信及守法的施工单位进行投标报价，并且要有丰富的施工经验与施工成本控制经验的施工单位参与。

4. 工程造价人员要认真做好前期工作，工程量清单和施工报价成果质量要提高。

5. 签订施工合同前，会经过投标、投标答疑、报价等多个环节，认真熟读与理解相应的文件资料，衡量风险因素。

6. 友好合作，相互尊重建设工程的参与单位。

7. 遇到施工合同纠纷，要提前解决。随着时间的推移，有可能出现更多的不利因素。

8. 杜绝霸王条款及无限风险包干的条款。

9. 施工合同要完善，各条款不但是指导施工的要求，更是施工合同主体双方在整个项目全过程的权利与义务的约束，可以用国家推荐的示范施工合同版本进行修改补充后再签订。

10. 及时支付工程款，不违约。

再复杂的事情，最终都会画上句号，只是参与建设工程的施工合同主体双方拖不起，这是施工合同纠纷的特点，时间就是金钱。

五、施工合同纠纷司法解释

《最高人民法院关于审理建设工程施工合同纠纷案件适用法律问题的解释（一）》（法释〔2020〕25号）摘要（《中华人民共和国民法典》，以下简称民法典）：

第一条　建设工程施工合同具有下列情形之一的，应当依据民法典第一百五十三条第一款的规定，认定无效：

（一）承包人未取得建筑业企业资质或者超越资质等级的；

（二）没有资质的实际施工人借用有资质的建筑施工企业名义的；

（三）建设工程必须进行招标而未招标或者中标无效的。

承包人因转包、违法分包建设工程与他人签订的建设工程施工合同，应当依据民法典第一百五十三条第一款及第七百九十一条第二款、第三款的规定，认定无效。

第二条　招标人和中标人另行签订的建设工程施工合同约定的工程范围、建设工期、工程质量、工程价款等实质性内容，与中标合同不一致，一方当事人请求按照中标合同确定权利义务的，人民法院应予支持。

招标人和中标人在中标合同之外就明显高于市场价格购买承建房产、无偿建设住房配套设施、让利、向建设单位捐赠财物等另行签订合同，变相降低工程价款，一方当事人以该合同背离中标合同实质性内容为由请求确认无效的，人民法院应予支持。

第三条　当事人以发包人未取得建设工程规划许可证等规划审批手续为由，请求确认建设工程施工合同无效的，人民法院应予支持，但发包人在起诉前取得建设工程规划许可证等规划审批手续的除外。

发包人能够办理审批手续而未办理，并以未办理审批手续为由请求确认建设工程施工合同无效的，人民法院不予支持。

第四条　承包人超越资质等级许可的业务范围签订建设工程施工合同，在建设工程竣工前取得相应资质等级，当事人请求按照无效合同处理的，人民法院不予支持。

第五条　具有劳务作业法定资质的承包人与总承包人、分包人签订的劳务分包合同，当事人请求确认无效的，人民法院依法不予支持。

第六条　建设工程施工合同无效，一方当事人请求对方赔偿损失的，应当就对方过错、损失大小、过错与损失之间的因果关系承担举证责任。

损失大小无法确定，一方当事人请求参照合同约定的质量标准、建设工期、工程价款支付时间等内容确定损失大小的，人民法院可以结合双方过错程度、过错与损失之间的因果关系等因素作出裁判。

第七条　缺乏资质的单位或者个人借用有资质的建筑施工企业名义签订建设工程施工合同，发包人请求出借方与借用方对建设工程质量不合格等因出借资质造成的损失承担连带赔偿责任的，人民法院应予支持。

第八条　当事人对建设工程开工日期有争议的，人民法院应当分别按照以下情形予以认定：

（一）开工日期为发包人或者监理人发出的开工通知载明的开工日期；开工通知发出后，尚不具备开工条件的，以开工条件具备的时间为开工日期；因承包人原因导致开工时间推迟的，以开工通知载明的时间为开工日期。

（二）承包人经发包人同意已经实际进场施工的，以实际进场施工时间为开工日期。

（三）发包人或者监理人未发出开工通知，亦无相关证据证明实际开工日期的，应当综合考虑开工报告、合同、施工许可证、竣工验收报告或者竣工验收备案表等载明的时间，并结合是否具备开工条件的事实，认定开工日期。

第九条　当事人对建设工程实际竣工日期有争议的，人民法院应当分别按照以下情形予以认定：

（一）建设工程经竣工验收合格的，以竣工验收合格之日为竣工日期；

（二）承包人已经提交竣工验收报告，发包人拖延验收的，以承包人提交验收报告之日为竣工日期；

（三）建设工程未经竣工验收，发包人擅自使用的，以转移占有建设工程之日为竣工日期。

第十条　当事人约定顺延工期应当经发包人或者监理人签证等方式确认，承包人虽未取得工期顺延的确认，但能够证明在合同约定的期限内向发包人或者监理人申请过工期顺延且顺延事由符合合同约定，承包人以此为由主张工期顺延的，人民法院应予支持。

当事人约定承包人未在约定期限内提出工期顺延申请视为工期不顺延的，按照约定处理，但发包人在约定期限后同意工期顺延或者承包人提出合理抗辩的除外。

第十一条　建设工程竣工前，当事人对工程质量发生争议，工程质量经鉴定合格的，鉴定期间为顺延工期期间。

第十二条　因承包人的原因造成建设工程质量不符合约定，承包人拒绝修理、返工或者改建，发包人请求减少支付工程价款的，人民法院应予支持。

第十三条　发包人具有下列情形之一，造成建设工程质量缺陷，应当承担过错责任：

（一）提供的设计有缺陷；

（二）提供或者指定购买的建筑材料、建筑构配件、设备不符合强制性标准；

（三）直接指定分包人分包专业工程。

承包人有过错的，也应当承担相应的过错责任。

第十四条　建设工程未经竣工验收，发包人擅自使用后，又以使用部分质量不符合约定为由主张权利的，人民法院不予支持；但是承包人应当在建设工程的合理使用寿命内对地基基础工程和主体结构质量承担民事责任。

第十五条　因建设工程质量发生争议的，发包人可以以总承包人、分包人和实际施工人为共同被告提起诉讼。

第十六条　发包人在承包人提起的建设工程施工合同纠纷案件中，以建设工程质量不符合合同约定或者法律规定为由，就承包人支付违约金或者赔偿修理、返工、改建的合理费用等损失提出反诉的，人民法院可以合并审理。

第十七条　有下列情形之一，承包人请求发包人返还工程质量保证金的，人民法院应予支持：

（一）当事人约定的工程质量保证金返还期限届满；

（二）当事人未约定工程质量保证金返还期限的，自建设工程通过竣工验收之日起满二年；

（三）因发包人原因建设工程未按约定期限进行竣工验收的，自承包人提交工程竣工验收报告九十日后当事人约定的工程质量保证金返还期限届满；当事人未约定工程质量保证金返还期限的，自承包人提交工程竣工验收报告九十日后起满二年。

发包人返还工程质量保证金后，不影响承包人根据合同约定或者法律规定履行工程保修义务。

第十八条　因保修人未及时履行保修义务，导致建筑物毁损或者造成人身损害、财产损失的，保修人应当承担赔偿责任。

保修人与建筑物所有人或者发包人对建筑物毁损均有过错的，各自承担相应的责任。

第十九条　当事人对建设工程的计价标准或者计价方法有约定的，按照约定结算工程价款。

因设计变更导致建设工程的工程量或者质量标准发生变化，当事人对该部分工程价款不能协商一致的，可以参照签订建设工程施工合同时当地建设行政主管部门发布的计价方法或者计价标准结算工程价款。

建设工程施工合同有效，但建设工程经竣工验收不合格的，依照民法典第五百七十七条规定处理。

第二十条　当事人对工程量有争议的，按照施工过程中形成的签证等书面文件确认。承包人能够证明发包人同意其施工，但未能提供签证文件证明工程量发生的，可以按照当事人提供的其他证据确认实际发生的工程量。

第二十一条　当事人约定，发包人收到竣工结算文件后，在约定期限内不予答复，视为认可竣工结算文件的，按照约定处理。承包人请求按照竣工结算文件结算工程价款的，人民法院应予支持。

第二十二条　当事人签订的建设工程施工合同与招标文件、投标文件、中标通知书载明的工程范围、建设工期、工程质量、工程价款不一致，一方当事人请求将招标文件、投标文件、中标通知书作为结算工程价款的依据的，人民法院应予支持。

第二十三条　发包人将依法不属于必须招标的建设工程进行招标后，与承包人另行订立的建设工程施工合同背离中标合同的实质性内容，当事人请求以中标合同作为结算建设工程价款依据的，人民法院应予支持，但发包人与承包人因客观情况发生了在招标投标时难以预见的变化而另行订立建设工程施工合同的除外。

第二十四条　当事人就同一建设工程订立的数份建设工程施工合同均无效，但建设工程质量合格，一方当事人请求参照实际履行的合同关于工程价款的约定折价补偿承包人的，人民法院应予支持。

实际履行的合同难以确定，当事人请求参照最后签订的合同关于工程价款的约定折价补偿承包人的，人民法院应予支持。

第二十五条　当事人对垫资和垫资利息有约定，承包人请求按照约定返还垫资及其利息的，人民法院应予支持，但是约定的利息计算标准高于垫资时的同类贷款利率或者同期贷款市场报价利率的部分除外。

当事人对垫资没有约定的，按照工程欠款处理。

当事人对垫资利息没有约定，承包人请求支付利息的，人民法院不予支持。

第二十六条　当事人对欠付工程价款利息计付标准有约定的，按照约定处理。没有约定的，按照同期同类贷款利率或者同期贷款市场报价利率计息。

第二十七条　利息从应付工程价款之日开始计付。当事人对付款时间没有约定或者约定不明的，下列时间视为应付款时间：

（一）建设工程已实际交付的，为交付之日；

（二）建设工程没有交付的，为提交竣工结算文件之日；

（三）建设工程未交付，工程价款也未结算的，为当事人起诉之日。

第二十八条　当事人约定按照固定价结算工程价款，一方当事人请求对建设工程造价进行鉴定的，人民法院不予支持。

第二十九条　当事人在诉讼前已经对建设工程价款结算达成协议，诉讼中一方当事人申请对工程造价进行鉴定的，人民法院不予准许。

第三十条　当事人在诉讼前共同委托有关机构、人员对建设工程造价出具咨询意见，诉讼中一方当事人不认可该咨询意见申请鉴定的，人民法院应予准许，但双方当事人明确表示受该咨询意见约束的除外。

第三十一条　当事人对部分案件事实有争议的，仅对有争议的事实进行鉴定，但争议事实范围不能确定，或者双方当事人请求对全部事实鉴定的除外。

第三十二条　当事人对工程造价、质量、修复费用等专门性问题有争议，人民法院认为需要鉴定的，应当向负有举证责任的当事人释明。当事人经释明未申请鉴定，虽申请鉴定但未支付鉴定费用或者拒不提供相关材料的，应当承担举证不能的法律后果。

一审诉讼中负有举证责任的当事人未申请鉴定，虽申请鉴定但未支付鉴定费用或者拒不提供相关材料，二审诉讼中申请鉴定，人民法院认为确有必要的，应当依照民事诉讼法第一百七十条第一款第三项的规定处理。

第三十三条　人民法院准许当事人的鉴定申请后，应当根据当事人申请及查明案件事实的需要，确定委托鉴定的事项、范围、鉴定期限等，并组织当事人对争议的鉴定材料进行质证。

第三十四条　人民法院应当组织当事人对鉴定意见进行质证。鉴定人将当事人有争议且未经质证的材料作为鉴定依据的，人民法院应当组织当事人就该部分材料进行质证。经质证认为不能作为鉴定依据的，根据该材料作出的鉴定意见不得作为认定案件事实的依据。

第三十五条　与发包人订立建设工程施工合同的承包人，依据民法典第八百零七条的规定请其承建工程的价款就工程折价或者拍卖的价款优先受偿的，人民法院应予支持。

第三十六条　承包人根据民法典第八百零七条规定享有的建设工程价款优先受偿权优于抵押权和其他债权。

第三十七条　装饰装修工程具备折价或者拍卖条件，装饰装修工程的承包人请求工程价款就该装饰装修工程折价或者拍卖的价款优先受偿的，人民法院应予支持。

第三十八条　建设工程质量合格，承包人请求其承建工程的价款就工程折价或者拍卖的价款优先受偿的，人民法院应予支持。

第三十九条　未竣工的建设工程质量合格，承包人请求其承建工程的价款就其承建工程部分折价或者拍卖的价款优先受偿的，人民法院应予支持。

第四十条　承包人建设工程价款优先受偿的范围依照国务院有关行政主管

部门关于建设工程价款范围的规定确定。

承包人就逾期支付建设工程价款的利息、违约金、损害赔偿金等主张优先受偿的，人民法院不予支持。

第四十一条　承包人应当在合理期限内行使建设工程价款优先受偿权，但最长不得超过十八个月，自发包人应当给付建设工程价款之日起算。

第四十二条　发包人与承包人约定放弃或者限制建设工程价款优先受偿权，损害建筑工人利益，发包人根据该约定主张承包人不享有建设工程价款优先受偿权的，人民法院不予支持。

第四十三条　实际施工人以转包人、违法分包人为被告起诉的，人民法院应当依法受理。

实际施工人以发包人为被告主张权利的，人民法院应当追加转包人或者违法分包人为本案第三人，在查明发包人欠付转包人或者违法分包人建设工程价款的数额后，判决发包人在欠付建设工程价款范围内对实际施工人承担责任。

第四十四条　实际施工人依据民法典第五百三十五条规定，以转包人或者违法分包人怠于向发包人行使到期债权或者与该债权有关的从权利，影响其到期债权实现，提起代位权诉讼的，人民法院应予支持。

根据《最高人民法院关于废止部分司法解释及相关规范性文件的决定》（法释〔2020〕16号），自2021年1月1日起施行，《最高人民法院关于建设工程价款优先受偿权问题的批复》（2002年6月11日，法释〔2002〕16号）、《最高人民法院关于审理建设工程施工合同纠纷案件适用法律问题的解释》（2004年10月25日，法释〔2004〕14号）和《最高人民法院关于审理建设工程施工合同纠纷案件适用法律问题的解释（二）》（2018年12月29日，法释〔2018〕20号）予以废止。《最高人民法院关于审理建设工程施工合同纠纷案件适用法律问题的解释（一）》（法释〔2020〕25号）于2021年1月1日起施行。这些文件为施工合同纠纷提供了依据，为施工合同纠纷的业务解决提供了指导精神，也是公平、公正地处理施工合同纠纷的法律规定，工程造价人员在阅读这些文件的同时，要注意这些文件的精神，理解性地学习应用。

六、施工合同纠纷解决案例分析

【案例四】

1. 项目概况

某工程施工合同协议书中注明单价合同计价方式、工程量按实结算的计价模式，专用条款注明总价合同计价方式。发包人与承包人对施工合同的理解存在纠纷。

经工程结算审核人员审核发现，施工合同的解释顺序是协议书优先于专用条款，应按协议书的约定采用固定综合单价、工程量按实结算的计价模式结算。

2. 案例分析

本案例涉及的施工合同纠纷是文件的解释顺序，根据施工合同约定，协议书优先于专用条款的顺序，应按协议书的约定进行计价。

3. 案例总结

本案例说明，工程造价人员不但要懂得定额，还应对施工合同的条款有理解性地掌握。

【案例五】

1. 项目概况

某工程中标后，施工合同主体双方签订了施工合同，已经在政府相关部门备案，但在施工过程中又签订了一份新的施工合同，未经政府相关部门备案。发包人想按新的施工合同计价条款进行工程结算，承包人认为应该按备案的施工合同计价条款进行工程结算，双方对计价条款存在争议。

根据司法解释精神，对于备案施工合同与未经过备案的施工合同，应当以备案的中标合同作为工程结算的依据。

2. 案例分析

本案例说明，司法解释为处理工程造价纠纷提供了强有力的处理原则，司法解释也是工程造价人员要学习的知识。

3. 案例总结

本案例中，施工合同主体双方对于施工合同纠纷，根据权威的司法解释文件进行解决顺理成章。

【案例六】

1. 项目概况

某厂区工程，由于施工合同主体双方存在施工合同纠纷，发包人单方面要求解除施工合同并终止合作，目前完工进度为60%。承包人根据实际施工投入，上报已经完工的工程结算造价，还要求发包人对以下几项投入及损失进行补偿：

（1）承包人撤离施工现场以及遣散承包人工作人员的款项30.00万元；

（2）按照施工合同约定应支付的违约金50.00万元；

（3）因解除施工合同给承包人造成的损失，如承包人临时设施的全部投入等约30.00万元；

（4）因发包人原因导致未施工部分的工程总利润100.00万元。

以上几项投入及损失请求总金额约为210.00万元。

2. 案例分析

本施工合同纠纷起因由发包人造成，并非承包人原因造成，承包人根据施工合同约定的条款，向发包人提出请求。

最后，经过施工合同主体双方协商，对承包人提出的投入及损失请求210.00万元按150.00万元进行补偿。

3. 案例总结

本案例工程合同按照《建设工程施工合同（示范文本）》GF—2017—0201
签订，该施工合同示范文本对发包人单方面解除施工合同的违约责任有约定，
最后承包人提出的请求几乎得到支持。

【案例七】

1. 项目概况

某预应力管桩基础工程在工程结算时，承包人的预应力管桩桩长按实际入土
长度进行结算，发包人在审核时按设计的有效桩长进行计算，认为桩长按实际入
土长度计算只是市场上计算的一种方式，施工合同主体双方存在施工合同纠纷。

2. 案例分析

工程造价人员查实施工合同协议书中对桩长结算长度计算有详细说明：合
同价中主体地下室管桩清单工程量（投标报价清单综合单价包括截桩头及外
运、送桩、桩尖、打压桩等工程内容）是按25.00m暂定的，结算时清单工程量
按实际长度调整，结算桩长从桩尖计算到伸入承台底以上0.10m的长度，送桩
等均不计算长度，投标报价清单综合单价要包括截桩头及外运、送桩、桩尖、
打压桩等工程内容，结算时不另计算。根据施工合同原则，发包人最后说服了
承包人。

3. 案例总结

从本案例可以看出，工程结算存在施工合同纠纷是很常见的，但施工合同
主体双方一定要以施工合同主体双方签名与盖章的施工合同作为基本依据，尊
重双方签订施工合同时的意愿来解决施工合同纠纷。

近年来，随着建筑市场逐步规范与完善，建筑市场竞争日趋激烈，承包人
获取利润变得更艰难，施工合同纠纷的法律诉讼或仲裁案例越来越多，工程造
价人员应该引起重视，学习相关知识以便熟练应对。

第九章 工程造价指标应用技巧

工程造价指标主要反映每平方米建筑面积造价或工程量，是对建筑、安装工程各分部分项费用及措施项目费用组成的分析，同时包含各专业人工费、材料费、机械费、管理费及利润等费用占工程造价的比例以及每平方米建筑面积工程量的分析。

在建筑行业，有时候会遇到一些建筑行业的专业人员，可能是施工管理、设计人员或监理人员，他们随口就能说出一个造价指标，对工程造价大方向有整体地认识与把握，这就是应用了工程造价指标的技巧。

工程造价指标涉及工程造价金额的指标会随着时间的变化而变化，涉及工程量的指标会随着国家设计标准的提高而变化，这是规律。

第一节　工程造价指标主要作用

工程造价指标在项目建设全过程中被广泛应用，主要有以下作用：

1. 工程造价指标可以作为建筑项目立项估算的参考。建设项目立项阶段要有投资估算，设计图纸还未开始设计，只能依靠相似项目经验测算。根据拟建项目的技术参数和工程造价指标估算合理的工程造价，有类似工程按类似工程进行测算，没有类似工程就需要根据较接近的工程造价指标进行调整，得出立项项目的造价指标。

2. 工程造价指标能为限额设计及设计方案对比提供重要参考。工程造价人员向设计单位提供限额设计指标，设计人员就有了大方向控制造价。工程造价人员也可以对设计方案进行快速对比分析，为设计人员提供重要参考。

3. 工程造价指标可以对工程造价成果进行复核。工程造价人员在编制工程招标控制价时，对工程造价各组成部分指标或工程量指标进行复核时，根据同类项目的工程造价指标进行对比，可以比较容易地发现工程造价成果问题。工程造价人员如果不会用指标进行分析，复核时将会比较吃力，效果也不明显，所以工程造价人员应能够灵活应用工程造价指标。

工程造价指标的作用大、用途广，但工程造价人员不能生搬硬套，要有职业判断，分析应用。只有当两个工程具有可比性的情况下，才能以已建工程的工程造价指标为基准去推理拟建工程的工程造价指标。

有经验的工程造价人员对工程造价指标的积累是非常丰富的，对工程造价各费用组成的指标与工程量指标，看一眼就知道是否在正常范围内。这些技巧需要工程造价人员经过长时间的沉淀、分析、总结，才能运用自如。

第二节　工程造价指标应用方法

工程造价指标应用得好，对工程造价人员的帮助很大。工程造价人员应对每个经办的工程都进行指标统计，其实也是大数据的积累，形成自己的数据库。下面介绍一些工程造价指标的应用技巧。

1. 工程造价人员可以根据已建设计标准相同的项目工程造价指标测算拟

建项目工程造价指标。

【示范一】设计标准不变、不考虑价格浮动因素的工程造价指标测算。

某已建住宅楼项目，共5栋，总建筑面积为100000.00m²，总工程造价指标为2000.00元/m²，项目总造价为20000.00万元。某公司拟建新住宅项目，总建筑面积为130000.00m²，栋数、户型、设计标准均与已建项目相同，只是各栋户数按原户型增加，不考虑价格浮动因素，根据这种类似情况，可以测算拟建项目总工程造价指标约2000.00元/m²，项目总造价为26000.00万元。

本示范是设计标准不变、不考虑价格浮动因素的工程造价指标测算的案例。

【示范二】设计标准不变、仅价格浮动因素产生变化的工程造价指标测算。

某已建住宅楼项目，共5栋，总建筑面积为100000.00m²，总工程造价指标为2000.00元/m²，项目总造价为20000.00万元。某公司拟建新住宅项目，建筑面积为130000.00m²，栋数、户型、设计标准均与已建项目相同，只是各栋户数按原户型增加，两者建设时间间隔较长，导致拟建项目的人工费、材料费、设备费、机械费上涨20.00%。

根据以上情况，可以得出原设计标准和户型几乎没有变化，户型也没有变化，只是总建筑面积稍有变化。又因为拟建项目的人工费、材料费、设备费及机械费均上涨20.00%，其他税费、利润、管理费等根据国家政策文件发布均不变。假设上涨20.00%已综合税金的增加。工程总造价中人工费、材料费、设备费及机械费约占75.00%，其他及税金等约占25.00%。

拟建项目的数据计算如下：

总工程造价指标=2000.00×75.00%×（1+20.00%）+2000.00×（1-75.00%）=2300.00（元/m²）；

项目总造价=2300.00元/m²×130000.00m²=29900.00（万元）。

本示范是基于设计标准不变、仅价格浮动因素产生变化的工程造价指标测算的案例。

这两个示范是比较典型的工程造价指标应用，是根据已建项目工程造价指标测算拟建项目工程造价指标的方法。

2. 工程造价人员可以根据相似设计标准的项目工程造价指标，测算拟建项目工程造价指标。

【示范三】根据相似设计标准的已建项目工程造价指标测算拟建项目工程造价指标。

某已建厂区项目，建筑面积为80000.00m²，主要由3栋楼组成，1栋宿舍楼工程建筑面积为15000.00m²，1栋办公楼工程建筑面积为5000.00m²，1栋厂房工程建筑面积为60000.00m²，总工程造价指标为1512.50元/m²，项目总造价为12100.00万元。某公司拟建新厂区项目，建筑面积为100000.00m²，主要由2栋楼组成，1栋宿舍楼工程建筑面积为20000.00m²，1栋厂房工程建筑面积为80000.00m²，在其他地方办公，不再单独建设办公楼工程。已建厂区与拟建厂区的宿舍楼工程与厂房工程设计标准一致，不考虑价格浮动因素。

根据上述情况，已建项目有办公楼工程，拟建项目没有办公楼工程，可以先把已建厂区项目的工程造价指标进行分解，各栋楼分解后的工程造价指标如表9-1所示。

已建厂区项目工程造价指标表　　　　　　　　表9-1

序号	工程名称	工程造价指标（元/m²）	建筑面积（m²）	工程造价（万元）
1	宿舍楼工程	2100.00	15000.00	3150.00
2	办公楼工程	2300.00	5000.00	1150.00
3	厂房工程	1300.00	60000.00	7800.00
4	合计	1512.50	80000.00	12100.00

由于已建厂区与拟建厂区的宿舍楼工程与厂房工程设计标准一致，不考虑价格浮动因素，得出拟建厂区项目工程造价指标，见表9-2。

拟建厂区项目工程造价指标表　　　　　　　表 9-2

序号	工程名称	工程造价指标（元/m²）	建筑面积（m²）	工程造价（万元）
1	宿舍楼工程	2100.00	20000.00	4200.00
2	厂房工程	1300.00	80000.00	10400.00
3	合计	1460.00	100000.00	14600.00

得出的结论是拟建厂区项目总工程造价指标为1460.00元/m²，项目总造价为14600.00万元，可以发现拟建厂区项目不建设办公楼工程，而办公楼工程在已建项目中工程造价指标是最高的，拟建厂区项目仅建设宿舍楼工程与厂房工程，而它们的工程造价指标比办公楼工程低，所以拟建厂区项目的总工程造价指标比已建厂区项目的总工程造价指标低一些。

本示范根据相似设计标准的已建项目工程造价指标测算拟建项目工程造价指标，是很常见的工程造价指标应用的方法。

3. 判断分部分项工程关联的工程造价指标的合理性。

工程造价人员可以根据某些工程量，测算工程造价指标的合理性，以下举例说明。

（1）建筑面积与楼地面工程量指标的关联：

楼地面的工程量指标应该与建筑面积扣减砌体接触地面的面积后较为接近，通常是建筑面积的0.95倍左右。

（2）直形墙体混凝土工程量指标与直形墙体模板工程量指标的关联：

直形墙体混凝土工程量=墙长度×高度×厚度，直形墙体模板工程量=墙长度×高度×2，知道直形墙体模板工程量指标，也可以测算出直形墙体混凝土工程量指标，从而能够检验计算的工程量是否异常，找出原因。

（3）板混凝土工程量指标与板模板工程量指标的关联。

（4）构造柱混凝土工程量指标与构造柱模板工程量指标的关联。

（5）电气管工程量指标与电线工程量指标的关联。

除了上述内容，还有很多工程量指标之间存在一定的关联，知道一个工程量指标就可以测算另一个关联工程量指标的合理性。

4. 各专业工程造价的费用组成具有一定的规律，各专业工程造价占总工程造价的比例也是有一定规律的。

（1）工程造价组成的分部分项工程费、措施项目费、其他项目费及税金等占总造价的比例。

（2）每个专业的工程造价组成占总造价的比例不同。

（3）可以根据已建项目的各个专业的工程造价指标来测算拟建项目的各个专业的工程造价指标。

5. 在应用工程造价指标时，首先要把施工范围统一，才能作为比较的基础，如果存在不同的施工范围，就要相应剔除，得出的工程造价指标才具有可比性，才具有参考价值。

6. 工程造价指标不是万能的。如果是万能的，那么编制好一个工程的预算，其他工程直接应用该工程造价指标乘以建筑面积即可，就不用再浪费时间计算了。实际上每个工程的工程造价要以实际设计图纸计算的结果为准。

7. 工程造价指标的应用，最关键要统一口径，比如用已建工程的工程造价指标推测拟建工程的工程造价指标，就需要拟建工程与已建工程的施工范围一致，如果不一致就要调整为一致，做到这一步才能进行应用。

根据上述分析的规律，工程造价人员可以根据已建项目的工程造价指标测算拟建项目的工程造价指标，也可以应用在工程造价成果的复核中，提高工程造价成果的质量。工程造价指标的应用非常广泛，工程造价人员要多研究、多掌握。

第三节　工程造价指标应用示范

举例示范两个项目的工程造价指标。

【示范一】某研发楼中心工程土建及装饰装修工程造价指标。

某研发楼中心工程，地下1层，地上6层，地下建筑面积为4250.97 m²，地上建筑面积为6121.64 m²，基础形式为旋挖桩基础，建设工程范围为土建及装饰装修工程、安装工程及附属工程等，详见表9-3。

某研发楼中心工程概况表　　　　　　表 9-3

序号	相关信息	项目概况
1	项目类型	公共建筑
2	项目说明	研发楼中心
3	结构类型	框架结构
4	基础类型	旋挖桩基础
5	建筑总高度（m）	30.00
6	地上层数（层）	6
7	地下层数（层）	1
8	建筑面积（m²）	10372.61
	地上建筑面积（m²）	6121.64
	地下建筑面积（m²）	4250.97

续表

序号	相关信息	项目概况
9	本项目各专业工程简要说明	1. 基础类型：旋挖桩基础，持力层为中风化粉砂岩。 2. 砌筑工程：均采用加气混凝土砌块砌筑。 3. 装饰装修工程： （1）外墙面：主要采用5mm瓷砖墙面及Low-E（6mm+12A+6mm）中空钢化玻璃幕墙； （2）内墙面：主要采用白色乳胶漆墙面，局部采用瓷砖墙面； （3）楼地面：主要采用块料面层地面，局部采用水泥砂浆抹平； （4）顶棚：主要采用白色乳胶漆顶棚。 4. 门窗工程：窗户采用1.4mm厚银灰色（T90系列）铝合金框+6mm普通钢化玻璃，铝合金门采用2mm厚银灰铝合金框+12mm厚钢化玻璃。 5. 防水工程：地下室防水材料主要为4mm厚预铺型双面自粘改性沥青防水卷材。 6. 给水排水工程：给水系统、排水系统等。 7. 电气工程及弱电工程：动力系统、照明系统、宽带网络系统、视频监控系统、防雷接地系统等。 8. 消防工程：防排烟系统、消火栓系统、自动喷淋灭火系统、灭火器配置系统及气体灭火系统、应急照明系统、火灾自动报警系统等

　　本工程的工程造价指标（表9-4），具体包括土建及装饰装修工程、安装工程及附属工程每平方米建筑面积的工程造价指标，表9-4还体现了各专业工程占总建筑安装工程费的造价比例。根据本工程造价指标可以得到很多信息，本工程造价指标表（表9-4）一共涉及12项工程造价指标，每项工程造价指标都不相同，其中地上土建工程占总建筑安装工程费的23.73%，比例最高；园建工程占总建筑安装工程费的0.76%，比例最低。工程造价人员要理解性地记忆这些工程造价指标，形成自己的经验数据。

　　【示范二】某住宅楼工程土建及装饰装修工程主要工程量指标。

　　某住宅楼工程，地下1层，地上32层，地下建筑面积为3821.30 m²，地上建筑面积为37110.06 m²，基础形式为满堂基础，详见表9-5。

某研发楼中心工程工程造价指标表　　表 9-4

序号	专业类别	专业工程名称	工程造价（万元）	建筑面积（m²）	经济指标（元/m²）	占建筑安装工程费百分比
1	土建及装饰装修工程	基础、土方与石方及基坑支护工程	558.73	10372.61	538.66	13.50%
2		地下室土建工程	981.99	4250.97	2310.04	23.72%
3		地上土建工程	982.42	6121.64	1604.83	23.73%
4		装饰装修工程	736.73	10372.61	710.26	17.80%
5	安装工程	给水排水工程	61.64	10372.61	59.43	1.49%
6		电气工程	166.07	10372.61	160.10	4.01%
7		弱电工程	105.24	10372.61	101.46	2.54%
8		消防工程	151.82	10372.61	146.37	3.67%
9		高低压配电工程	86.10	10372.61	83.01	2.08%
10		外接电缆及电梯工程	200.00	10372.61	192.82	4.83%
11	附属工程	园建工程	31.64	10372.61	30.50	0.76%
12		室外安装工程	77.00	10372.61	74.23	1.86%
13	合计		4139.38	10372.61	3990.68	100.00%

某住宅楼项目概况表　　表 9-5

序号	相关信息	项目概况
1	项目类型	住宅楼
2	项目说明	地下 1 层，地上 32 层；总高度 99.75m，共 2 栋楼
3	结构类型	框剪结构
4	基础类型	满堂基础
5	建筑总高度（m）	99.75
6	地上层数（层）	32
7	地下层数（层）	1
8	建筑面积（m²）	40931.36
	地上建筑面积（m²）	37110.06
	地下建筑面积（m²）	3821.30

续表

序号	相关信息	项目概况
9	本项目各专业工程简要说明	1. P6抗渗C30满堂基础；C25、C30、C35、C40 柱；C30、C35、C40 梁、板；C30、C35、C40、C45、C50 钢筋混凝土直形墙。 2. 蒸压加气混凝土砌块，外墙：200mm、100mm，内墙 200mm、100mm。 3. 门窗工程：木质门、人防门、钢制防火门、不锈钢门、铝合金推拉门、金属（塑钢、断桥）窗、百叶窗、铝合金窗、铝合金门连窗等。 4. 外部装饰装修工程： （1）外墙：喷涂或滚刷米黄色2遍、坡屋面喷涂或滚刷米黄色/黄褐色外墙涂料2道、5mm厚聚合物防水砂浆、5mm厚抗裂砂浆，压入耐碱玻纤网格布1层、20mm厚中空玻化微珠无机保温砂浆； （2）屋面防水：屋面卷材防水、20mm厚预拌地面砂浆保护层、2mm厚SBS改性沥青防水卷材、2mm厚高聚物改性沥青防水涂膜； （3）屋面保温：30mm厚挤塑聚苯乙烯泡沫塑料板（B2级），抗压强度≥0.15MPa 等。 5. 内部装饰装修工程： （1）墙面：5mm厚DP/WP M5水泥石灰膏砂浆罩面压光、15mm厚DP/WP M5 水泥石灰膏砂浆打底扫毛、刷建筑胶素水泥浆1道，配合比为建筑胶：水=1：4； （2）地面：水泥砂浆楼地面、20mm厚M20水泥砂浆抹面压光； （3）顶棚：顶棚抹灰2mm厚麻刀（或纸筋）石灰面、10mm厚DP/WP M10 水泥石灰砂浆

本工程的工程量指标（表9-6），具体包括钢筋、商品混凝土、砌体、模板、门窗、楼地面块料、墙柱面油漆及顶棚油漆的工程量指标，根据工程实际应用还可以统计栏杆、防水等多个工程量指标。工程造价人员可以对更多的指标进行统计与分析。

某住宅楼工程工程量指标表　　　　　　　　　　表9-6

项目名称	某住宅楼项目（±0.00以下）	某住宅楼项目（±0.00以上）
建筑面积（m²）	3821.30	37110.06
钢筋（kg/m²）	142.10	53.40

项目名称	某住宅楼项目（±0.00以下）	某住宅楼项目（±0.00以上）
商品混凝土（m^3/m^2）	1.29	0.36
砌体（m^3/m^2）	0.07	0.15
模板（m^2/m^2）	2.981	3.69
门窗（m^2/m^2）	0.04	0.27
楼地面块料（m^2/m^2）	0.95	0.93
墙柱面油漆（m^2/m^2）	2.17	2.52
顶棚油漆（m^2/m^2）	1.46	1.39

每一个工程的设计图纸、建设时间、建设地点、施工范围、材料及设备品牌都不完全一样，所以工程造价人员要科学地分析与应用工程造价指标，不能不假思索地直接把这个工程的指标用到另外一个工程中，不是完全不能用，而是要加工与分析之后再应用。当明白了其中的道理后，才能灵活运用。

工程造价人员可以养成统计造价业务中每一个工程的工程造价指标的习惯，当工作时间久了，就能逐渐建立自己的数据库，在业务中进行应用。工程造价指标应用是一门好的技术，用得好会锦上添花。

第四节　工程造价指标应用案例分析

【案例一】

1. 工程概况

某住宅楼工程需用强度等级C25的混凝土为0.20m^3/m^2，向商品混凝土厂家订购C25商品混凝土，原来的材料单价为450.00元/m^3，因市场材料价格变动，商品混凝土厂家要求上调100.00元/m³。

承包人经过造价分析后进行谈判，因水泥价格上涨20.00%，每立方米水泥影响的上涨价格为水泥价格450.00元/t×水泥用量0.387t×20.00%×（1+税金3%）=35.87（元/m³）；中砂上涨25.00%，每立方米砂影响的上涨价格为中砂价格260.00元/m³×砂用量0.57m³×25.00%×（1+税金3%）=38.16（元/m³），合计因水泥和中砂影响混凝土价格为74.03元/m³，最后协商确认上调价格为75元/m³。本工程用到强度等级C25的混凝土为0.20m³/m²，测算得出C25商品混凝土材料单价变动引起上涨单价为75.00元/m³×0.20m³/m²=15.00（元/m²），含相关取费后增加16.50元/m²。

2. 案例分析

本案例是对材料变动结合工程造价指标的应用，测算工程造价变化。工程造价人员要懂得材料的组成，本案例根据混凝土配合比测算得出涨幅数据，有准备、有依据地谈判。由此说明，工程造价人员在有充分准备的前提下谈判，成功率才会更高。

3. 案例总结

本案例有两个大的知识点：

（1）要根据C25商品混凝土的配合比进行分析，最后与商品混凝土厂家进行谈判，结果可观；

（2）本工程需应用C25强度等级混凝土0.20m³/m²，这是工程量指标，经常会用到，根据材料上涨，测算每平方米建筑面积的造价上涨。

掌握了这些方法，再大的工程所用到的技术知识，也是由一个又一个简单的小知识拼凑起来的。

【案例二】

1. 工程概况

某住宅楼工程，无地下室，毛坯房标准，室内装饰装修仅为公共部分装修，共10层，层高3m，土建及装饰装修工程造价人员初步编制工程造价成果的造价指标为1850.00元/m^2，未经项目负责人复核。

在项目负责人复核时发现，当地同类建设项目，类似工程的工程造价指标为1620.00元/m^{2}左右，该住宅楼工程工程造价指标超过230.00元/m^2。项目负责对初步成果进行复核，拆分指标，钢筋工程预算书中工程量指标为82.00kg/m^2，相比类似工程的56.00kg/m^{2}超过26.00kg/m^2，其他工程量指标正常，经与编制人细致复核，钢筋确实是输入工程量时输入错误，导致指标异常，调整后已经回归到正常指标范围。

2. 案例分析

本案例充分体现了工程造价指标在实际工作中复核工程造价成果时的运用，起到关键作用。

3. 案例总结

本案例中，专业技术复核人员善于结合历史项目数据，应用到新项目中。

工程造价指标在建设工程中应用非常广泛，特别是对日常工程造价成果质量复核能大大提高其效率。工程造价人员要用心积累，积累不仅是收集过来，还要应用经验判断分析收集的指标是否是有效指标、收集的指标是否存在错误、收集的指标对应的是什么建筑类型等。

第十章 工程造价高端咨询

工程造价人员根据自己的特长和兴趣，打造自己的核心技术，并能提供更高端的技术服务，在工作中能更好地服务相关单位。同时，更多地为客户着想，客户想不到的自己先想到，急客户之所急，甚至他人做不到的自己能做到，这样既能提高生存能力，又能为社会作出应有的贡献。

第一节 为委托人提出建设性建议

工程造价人员可以为委托人提出材料及设备品牌的优化建议，还可以对限额设计、设计图纸优化、设计图纸完善、设计方案比选以及为委托人起草的招标文件与施工合同提出建设性建议。

一、为发包人提出材料及设备品牌的优化建议

工程造价人员应该对常用的各种材料和设备品牌及其价格等有一定的熟悉，才能更好地控制成本。常用的材料及设备有：

1. 土建工程，如钢筋、混凝土、砂浆、砌体、砂石、铝材、钢材、防水材料、水泥、模板及脚手架等；

2. 装饰装修工程，如幕墙、门窗、玻璃、油漆、腻子、石材、瓷砖、木地板、夹板、各种顶棚材料、铝板、木结构及栏杆等；

3. 园林绿化工程，如石材、雕塑、假山、瓷砖、苗木、种植土、路灯及背景音乐等；

4. 市政工程，如混凝土、透水砖、路缘石、指标牌、各类管材、路灯、变压器、电线、电缆及井盖等；

5. 安装工程，如高低压配电柜、变压器、发电机、各类配电箱及元配件、风机、电梯、电线、电缆、灯具、开关、插座、母线槽、金属线槽、塑料线槽、各类管材、水泵、阀门、洁具、抗震支架、风管及消防设备等。

工程造价人员应熟悉常见的建筑材料性能及相应的施工工艺，知道哪些是高端品牌，哪些是常用品牌，哪些是性价比最高的品牌，哪些是质量口碑很好的品牌，这些都需要工程造价人员多去市场上了解，甚至多次走访建筑材料市场搜集资料。在这个过程中把自己所学、所见及所想知识沉淀在脑海里，与他人交谈时随口就能说出来。如果连常用材料及设备都不熟悉，就无法对项目提出对策，更谈不上优化建议。

所有材料及设备都有很多厂家，涉及不同地区、不同信誉度及不同价格等，工程造价人员应该要熟悉并掌握这些信息，需要时才能真正起到决策作用。

二、为发包人限额设计提供工程造价指标与测算

工程造价人员为发包人的限额设计提出建议，包括提供工程造价指标和测算指标。在方案设计阶段或初步设计阶段，为设计人员提供限额设计指标，提高设计效率，避免以后优化设计、修改图纸，浪费时间。当然，设计指标要靠

工程造价人员通过大数据积累，不是空洞无物，不是随便给出的数据，而是经验总结，通过历史案例分析为设计人员提出参考建议。但设计指标不是一成不变的，具体设计还需以设计人员的设计成果为准，限额设计建立在设计安全的前提下，因为设计人员要对设计质量终身负责，并不是工程造价人员对设计质量负责。

工程造价人员在参与限额设计工作时，不仅要参考已建工程的指标，还应对每次修改的设计方案进行真实核算，核算结果反馈给设计人员，经过多次核算与分析，最终确定用哪个设计方案来出图。

限额设计的工程造价指标控制，有个难点是工程造价人员如何说服设计人员，如果没有充分的依据，设计人员是不认可限额设计指标的，因为设计主要是从设计安全和施工安全的角度出发，相对比较保守。要如何真正使限额设计起到作用，这一点需要工程造价人员思考。

三、设计图纸优化建议

不少专业技术人员只在项目实施阶段和工程结算阶段才对工程造价进行控制，对工程造价在项目设计阶段的控制不够重视。常有人认为过高的工程造价是由施工管理不善，浪费严重，人工费、材料费及机械费上涨等原因造成的，而忽视了设计原因引起的工程造价变高的因素，导致一个项目结束后没有沉淀设计与效益相互关系的经验。工程造价人员根据专业优势，可以提出以下优化建议：

1. 对结构工程钢筋用量与钢筋级别的优化建议。钢筋用量可以根据已经完工的工程量指标进行优化，使用高强钢筋可以节省钢筋用量。

2. 对基础的设计形式优化建议。比如根据建设项目周边地质工程和经验，判断该项目用什么类型的基础可以更加节省工程造价，比如采用满堂基础还是独立基础，采用预应力混凝土管桩基础还是旋挖桩基础等。

3. 对设计交楼标准的优化建议。可以根据当地约定俗成的比较经济的设计交楼标准，对拟建项目提出优化建议。

4. 对设计变更方案的比选，对工程设计变更的工程造价进行测算。

5. 对设计图纸中设计标准虚高的、没有用途的、不安全的及不合理的设计提出修改建议。

6. 对层高及建筑物高度提出建议。层高越高，工程造价指标越高，建筑物高度越高，定额组价的降效费、外墙综合脚手架及垂直运输等对应的工程造价越高。

7. 土方与石方平衡的建议。设计标高对土方与石方的挖、填、运都会影响工程造价。

8. 对建筑布局及设计户型的建议。建筑布局及设计户型也会影响工程造价指标，比如建筑布局砌体墙体越密集，相应的钢筋混凝土柱、墙都会增加，工程造价指标也会更高；设计户型越小，工程造价指标也会更高，但户型的建议还要结合当地楼盘销售的实际情况，即什么户型好销售并且利润更高。

9. 对建筑外形的建议。方正的建筑外形会比复杂的建筑外形工程造价指标低。

10. 平面图布置的设计优化建议。比如厂区有很多栋建筑，配电房设计在哪里更合适，水泵房设计在哪里更合适，消防监控设计在哪里更合适。

11. 对材料及设备参数的选型提出建议。

工程造价人员根据设计院提供的设计图纸，利用自己的专业技术进行复核，提出合理化的优化建议。

四、设计图纸完善建议

有时候设计图纸并不完善，设计的节点不详细、设计的明细做法不清晰，或者设计方案超过常规标准，工程造价人员就要迅速把这些问题提出来，并提交给建设单位与设计单位进行沟通核实。这需要工程造价人员熟悉规范后才能提出有建设性的意见，虽然工程造价人员不是专业的设计人员，但是如果能及时发现设计存在的一些问题，施工过程中就不需要进行多次修改完善，有助于事前控制，包括缩短工期和加强工程造价控制，总体来说对建设工程非常有帮助。

在工程设计时，必须依照设计标准进行，每一个环节有合理的设计方法，在确保建筑工程安全和工程质量的同时控制工程造价，最大限度地提高了投资效益。工程造价人员的建议仅供设计人员参考，具体实施还要得到建设单位和设计单位的确认。工程造价人员可以提出以下设计图纸完善建议：

1. 对设计图纸缺少节点图纸、大样图纸的，提出完善的建议。

2. 需要详细设计的基坑支护图纸、桩基础图纸、门窗图纸、幕墙图纸、钢结构图纸、节能设计图纸及专业设计的图纸，检查是否齐全，提出完善的建议。

3. 不同专业的交叉碰撞，比如管线与梁等要提出完善的建议。

4. 对其他设计深度不够、达不到编制工程预算深度的设计要提出完善的建议。

五、为发包人进行设计方案比选提出建议

工程造价人员根据专业积累的经验，对设计的各种选择方案，提出准确的工程造价核算结果供设计人员参考，也可以对设计方案比选提出相关建议。

【示范】管材方案对比实例。

各种管材均有优缺点，本工程就目前国内市政排水工程中比较常用的混凝土管、钢管、塑料管和玻璃钢管进行管材的技术经济比较，具体如表10-1所示。

表10-1是工程造价人员对设计方案中HDPE管、钢筋混凝土管及钢管的使

用寿命、施工难易程度及价格等信息进行对比，通过分析形成表格形式，供发包人参考选用。

常用的管材性能比较表　　　　　表 10-1

序号	性能	HDPE 管	钢筋混凝土管	钢管
1	使用寿命	长	较长	较长
2	防腐能力	强	强	较弱
3	承受外压	承受外压较大	能承受较大外压	能承受较大外压
4	施工难易程度	方便	较难	方便
5	管材重量	重量较轻	重量较重	重量较重
6	价格	较贵	较便宜	较贵

六、为发包人提出招标文件与施工合同的修改建议

具有较高水平的工程造价人员，能够对发包人的招标文件与施工合同提出合理化建议，这是一项需要达到高水平专业的工作，需要高水平的专业技术人员才能全面发现问题，提供合理见解，这项工作属于专家级的咨询服务，并不是随便一名工程造价人员就能够完成的。

工程造价人员为发包人提出的合理化建议不一定被全部采纳，但如果能够把发现的都列举出来，总结哪些建议被采纳了，哪些建议不被采纳，其原因是什么，通过分析与总结，对自己的专业水平也能有所提高。

第二节　全过程工程造价咨询服务

全过程工程造价咨询是专业工程造价咨询公司对建设项目从可行性研究阶

段、设计阶段、施工阶段到工程竣工结算阶段的全过程提供工程造价咨询服务，近年来随着国家相关政策的发布，逐渐成为未来工程造价的发展趋势。但这项咨询服务要求标准高，要想做好这项服务需要注意以下几点：

1．配置经验较丰富的工程造价人员，要求服务态度好、执业道德好及保守商业秘密；

2．全过程工程造价咨询服务突出工程造价人员的综合能力；

3．咨询服务响应要及时；

4．工程造价成果执行三级复核制度；

5．参与全过程工程造价咨询服务的工程造价人员，工作流动性不能太大，各专业工程造价人员配备要齐全；

6．参与全过程工程造价咨询服务的工程造价人员，要派出代表常驻施工现场工作，要参与相关工程量的测量及隐蔽工程施工验收，并拍照进行业务存档；

7．全过程工程造价咨询要充分发挥团队的力量，是由多个专业的工程造价人员相互配合的咨询服务。

工程建设全过程与工程造价紧密相连，工程造价人员可以根据自己的经验，对工程造价进行大部分把握。全过程造价咨询服务能够为业主提供连续、丰富、系统的投资咨询，以未来发展趋势来看，它必将具有广阔的市场空间。

第三节　国外工程造价咨询服务

工程造价人员有机会可以参与国外工程造价咨询服务。国外工程造价咨询服务难度相对较大，国外工程与国内工程有以下差异和主要特点：

1. 国外项目对施工合同管理意识和执行能力要求较高，签订的施工合同条款直接影响项目盈利，施工合同管理意识要强；

2. FIDIC合同条款应用较多；

3. 国外有些国家会颁布定额标准供参考；

4. 国外工程有不同的工程造价费用组成模式，与国内工程的工程造价费用组成有一定的差异；

5. 材料及设备询价比较困难，国外品牌较多；

6. 国外工程所采用的标准与国内工程所采用的标准差异较大；

7. 国外工程施工工人的工作效率与国内工程施工工人的工作效率差异较大；

8. 国际化的法律法规、财务、税收等方面的风险较大；

9. 翻译问题，需要建筑专业外国语；

10. 风土人情差异造成沟通协调的差异；

11. 工程索赔与工程反索赔技术应用广泛，在处理工程索赔与工程反索赔时，经常会提到"有经验的承包商"需要懂得的商务规则；

12. 设计图纸有时仅给出发包人的基本需求与一些平面布置图，详细的结构图（含钢筋布置图）设计深度不够，需要由有经验的承包人自行深化设计并进行报价及施工；

13. 国外税收与国内税收计算方法有差异；

14. 国外的建筑师地位很高，建筑师在施工阶段所做的工作统称为施工管理，其中包括施工现场察看、工程索赔处理以及审批施工方提交的各项材料及付款申请等。

承接国外工程造价咨询服务，不但要了解国外工程的特点，还需要具有较高的国内工程造价咨询的专业水平。

第四节 高端咨询服务案例分析

【案例一】

1. 项目概况

业主委托某工程造价咨询公司编制某产业园一期厂房招标控制价，工程造价人员不仅完成了工程造价咨询合同约定的编制招标控制价义务，还为委托人额外提出了招标文件及施工合同的建议，委托人非常重视，几乎接受工程造价人员提出的全部建议。

本工程发包人采用总价合同计价方式，所以招标文件与拟定的施工合同在发给投标人投标前要严谨起草。

咨询单位提出的建议如下：

关于某产业园一期厂房工程招标文件及施工合同的建议

某有限公司：

某产业园一期厂房工程招标文件及施工合同项目，为了建设工程顺利进行及造价的有效确定，我司特建议以下内容，仅供参考：

1. 招标文件第4页"钢结构专业工程暂估价3900.00万元含在投标总价内"，建议钢结构专业工程暂估价按2800.00万元比较接近实际工程造价，专业工程暂估价越高，投标人对总承包服务费报价越高，不合理。

2. 招标文件第6页"土方平衡图中划定范围内的土方平衡，运距1km以内。"建议注明土方与石方的平衡、外运及弃土方与石方的费用均含在土方与石方工程量清单的综合单价中，运距由投标人自行勘察并在报价中充分考虑，工程结算不作调整。

3. 招标文件第6页厂房二"地坪混凝土中的工艺设备埋管和设备基础（该

部分无图纸，为暂不报价）"是否已经出了新图纸？如果有新图纸，请对该段文字进行修改。

4. 招标文件第13页"但其投标报价不得低于投标人个别成本价"建议修改为"但其投标报价不得低于投标人的成本价"。

5. 招标文件第14页"13.8投标人采用总价百分比优惠的方式进行投标报价。"建议本句话删除，因为本次招标是按总价合同计价方式。

6. 招标文件第14页"《建设工程工程量清单计价规范》GB 50500—2013"建议修改为"《建设工程工程量清单计价标准》GB/T 50500—2024"。

7. 招标文件第14页"13.9.2材料供应方式：本工程使用的材料由承包方采购供应，综合单价中的材料费应包括材料原价、税金、材料运杂费、保管费及试验检验费等。"建议修改为"13.9.2材料供应方式：本工程使用的材料由承包方采购供应，均为乙供。综合单价中的材料费应包括材料原价、税金、材料运杂费、各类损耗、采购费及保管费及试验检验费等。"

8. 招标文件第14页"13.9.5投标人的措施项目费用应自行填写数量和价格，如遇清单缺项的项目，投标人应依据清单编制的办法进行补充，并采用工程量清单计价方式。"建议修改为"13.9.5投标人的措施项目费用、非实体项目均应根据自行确定的施工组织设计及施工方案填写数量和价格，招标人不提供清单，投标人应依据工程量清单标准的规定进行补充，并采用工程量清单计价方式，除工程签证或工程设计变更之外工程结算均不予调整。"

9. 招标文件第26页"投标人根据招标人提供的设计图纸进行报价"建议修改为"投标人根据招标人提供的设计图纸进行报价，特别说明：本工程采用总价合同计价方式，投标人应认真计算设计图纸工程量并进行报价，如发现设计图纸不详或设计错误的情况，请投标人在收到招标文件后10d内提出，招标人评标时会根据各投标人对设计图纸不详或设计错误提出的意见与建议进行加分，最高分值是10分"。

10. 招标文件第28页"投标人要严格按招标人提供的工程量清单进行报价，不得修改"建议修改为"本工程采用总价合同计价方式，投标人不得在招标人提供的工程量清单中增删、修改清单项目与工程量及项目排列顺序，否则其投标报价不予接受；投标人应认真计算设计图纸工程量，如投标人认为招标人提供工程量清单有漏项的情况，投标人必须进行补充项目，汇总在投标总价中，若投标人未列出视同含在其他项目中，工程结算不再另行计算。"

11. 招标文件第101页"关于变更估价的约定：按综合单价×变更工程量。其中变更工程量按设计变更、发包人要求增减的工程量、发包人认可的变更，其中综合单价按投标人所报综合单价下浮＿＿＿%，合同内没有的综合单价，承包人依据当时市场行情自行组价后由发包人审核确认。"建议修改为"关于变更估价的约定：按综合单价×变更工程量。其中变更工程量按设计变更、发包人要求增减的工程量、发包人认可的变更，其中综合单价按投标人所报综合单价下浮8.00%，合同内没有的综合单价，承包人依据定额自行组价后由发包人审核后确定。"

12. 招标文件中多次出现"处罚"字样，我国法律规定的处罚分为治安管理处罚、行政处罚和刑事处罚三类，建设单位为非行政单位，该字样用于招标文件和施工合同是否不妥？建议斟酌。

13. 招标文件和施工合同建议各增加一条条款"本工程的所有二次深化图纸设计费用由承包人承担，并含在投标总价中。"

14. 投标人在投标截止日期前能够提出合理化建议被招标人采纳时，评标时可以适当加分。

15. 因本工程采用总价合同计价方式，目前承包范围不够详细，建议将各专业的界线与交楼标准进行细化。

16. 建议施工合同采用目前最新版本的《建设工程施工合同（示范文本）》GF—2017—0201。

以上建议仅供参考，谢谢！

工程造价咨询单位：某咨询有限公司

2018年10月08日

发包人回复如下：

"关于某产业园一期厂房工程招标文件及施工合同的建议"的回复

某咨询有限公司：

感谢贵司提出的合理化建议，本公司回复如下：

1. 招标文件第4页"钢结构专业工程暂估价3900.00万元含在投标总价内"，建议钢结构专业工程暂估价按2800.00万元比较接近实际工程造价，专业工程暂估价越高，投标人对总承包服务费报价越高，不合理。

招标人回复：建议合理，同意采纳。

2. 招标文件第6页"土方平衡图中划定范围内的土方平衡，运距1km以内。"建议注明土方与石方的平衡、外运及弃土方与石方的费用均含在土方与石方工程量清单的综合单价中，运距由投标人自行勘察并在报价中充分考虑，工程结算不作调整。

招标人回复：建议合理，同意采纳。

3. 招标文件第6页厂房二"地坪混凝土中的工艺设备埋管和设备基础（该部分无图纸，为暂不报价）"是否已经出了新图纸？如果有新图纸，请对该段文字进行修改。

招标人回复：没有出新图纸。

4. 招标文件第13页"但其投标报价不得低于投标人个别成本价"建议修改为"但其投标报价不得低于投标人的成本价"。

招标人回复：建议合理，同意采纳。

5. 招标文件第14页"13.8投标人采用总价百分比优惠的方式进行投标报价。"建议本句话删除，因为本次招标是按总价合同计价方式。

招标人回复：建议合理，已经删除本句话。

6. 招标文件第14页"《建设工程工程量清单计价规范》GB 50500—2013"建议修改为"《建设工程工程量清单计价标准》GB/T 50500—2024"。

招标人回复：建议合理，已经修改。

7. 招标文件第14页"13.9.2材料供应方式：本工程使用的材料由承包方采购供应，综合单价中的材料费应包括材料原价、税金、材料运杂费、保管费及试验检验费等。"建议修改为"13.9.2材料供应方式：本工程使用的材料由承包方采购供应，均为乙供。综合单价中的材料费应包括材料原价、税金、材料运杂费、各类损耗、采购费及保管费及试验检验费等。"

招标人回复：建议合理，同意采纳。

8. 招标文件第14页"13.9.5投标人的措施项目费用应自行填写数量和价格，如遇清单缺项的项目，投标人应依据清单编制的办法进行补充，并采用工程量清单计价方式。"建议修改为"13.9.5投标人的措施项目费用、非实体项目均应根据自行确定的施工组织设计及施工方案填写数量和价格，招标人不提供清单，投标人应依据工程量清单标准的规定进行补充，并采用工程量清单计价方式，除工程签证或工程设计变更之外工程结算均不予调整。"

招标人回复：建议合理，同意采纳。

9. 招标文件第26页"投标人根据招标人提供的设计图纸进行报价"建议修改为"投标人根据招标人提供的设计图纸进行报价，特别说明：本工程采用总价合同计价方式，投标人应认真计算设计图纸工程量并进行报价，如发现设计图纸不详或设计错误的情况，请投标人在收到招标文件后10d内提出，招标人评标时会根据各投标人对设计图纸不详或设计错误提出的意见与建议进行加分，最高分值是10分"。

招标人回复：建议合理，同意采纳。

10. 招标文件第28页"投标人要严格按招标人提供的工程量清单进行报价，不得修改"建议修改为"本工程采用总价合同计价方式，投标人不得在招标人提供的工程量清单中增删、修改清单项目与工程量及项目排列顺序，否则其投标报价不予接受；投标人应认真计算设计图纸工程量，如投标人认为招标人提供工程量清单有漏项的情况，投标人必须进行补充项目，汇总在投标总价中，若投标人未列出视同含在其他项目中，工程结算不再另行计算。"

招标人回复：建议合理，同意采纳。

11. 招标文件第101页"关于变更估价的约定：按综合单价×变更工程量。其中变更工程量按设计变更、发包人要求增减的工程量、发包人认可的变更，其中综合单价按投标人所报综合单价下浮＿＿＿％，合同内没有的综合单价，承包人依据当时市场行情自行组价后由发包人审核确认。"建议修改为"关于变更估价的约定：按综合单价×变更工程量。其中变更工程量按设计变更、发包人要求增减的工程量、发包人认可的变更，其中综合单价按投标人所报综合单价下浮8.00%，合同内没有的综合单价，承包人依据定额自行组价后由发包人审核后确定。"

招标人回复：建议合理，同意采纳。

12. 招标文件中多次出现"处罚"字样，我国法律规定的处罚分为治安管理处罚、行政处罚和刑事处罚三类，建设单位为非行政单位，该字样用于招标文件和施工合同是否不妥？建议斟酌。

招标人回复：建议合理，已经删除"处罚"字样。

13. 招标文件和施工合同建议各增加一条条款"本工程的所有二次深化图纸设计费用由承包人承担，并含在投标总价中。"

招标人回复：建议合理，同意采纳。

14. 投标人在投标截止日期前能够提出合理化建议且被招标人采纳时，评标时可以适当加分。

招标人回复：建议合理，同意采纳。

15. 因本工程采用总价合同计价方式，目前承包范围不够详细，建议将各专业的界线与交楼标准进行细化。

招标人回复：建议合理，同意采纳。

16. 建议施工合同采用目前最新版本的《建设工程施工合同（示范文本）》GF—2017—0201。

招标人回复：建议合理，同意采纳。

感谢对招标文件及施工合同提出的宝贵建议，特此回复！谢谢！

发包人：某有限公司

2018年10月09日

2. 案例分析

工程造价人员能为委托人提供专家意见，让委托人有意外的收获，对社会来说也有益处。可见，做好服务，用自己的专业为社会做点实事，同时实现了自己的社会价值。

3. 案例总结

本案例是笔者亲自经历的一个项目的工程造价咨询，发包人没有想到的问题，笔者提出了合理化建议，发包人为此组织了多方会议，笔者的建议在建设工程中体现了专业价值。

【案例二】

墙体抹灰实例：某毛坯交楼标准的房地产公司开发的商品房项目，室内房间墙体交楼标准为毛坯房，仅需找平层即可，原设计为找平层1：3的水泥砂浆15mm厚+罩面1∶2.5的水泥砂浆10mm厚，后来笔者建议修改为找平层1∶3的水泥砂浆12mm厚，经设计师验算节能等各项技术参数后均满足设计规范要求。涉及施工面积约100000.00m²，优化后工程造价降低约200.00万元。

【案例三】

笔者曾经经历一个项目，在和建设单位负责人交谈过程中，了解到拟建项目带二层地下室，因当地建二层地下室的第二层要采用静力爆破技术方案，成本昂贵。建设单位负责人介绍完工程情况后，笔者顿时来了灵感，和对方沟通并提出为什么不建成一层地下室，把地下室层高提高一点，就可以做成双层机械停车场，虽然会增加机械停车设备系统工程造价，但减少了一层地下室建筑面积约10000m²，后来与设计师沟通并经过详细测算，综合各项因素优化后工程造价降低约2000.00万元。最后建设单位采纳了笔者的建议。

当然，笔者的建议并不仅从成本角度考虑，是以安全为前提，以经济性和实用性为体现，甚至从建设工程全生命周期的成本进行分析，是综合性的决策。工程造价咨询服务更多的是经验分析，其他人没想到的自己想到了，可以让自己的专业水平更上一个层次。

在日常工作中，工程造价人员可能会随时接到一个关于工程造价的业务咨询电话，对方随机提出很多有关工程造价指标及其他工程造价的尖锐问题或复杂问题，在电话中就要即时回复可行的解决方案，这样的咨询需要具有很强的专业知识作为后盾，也需要很强的反应能力。工程造价人员还可能受邀参加与工程造价有关的会议洽谈，为客户解决工程造价业务中的疑难杂症。

真正的工程造价咨询服务，高水平的工程造价人员能为项目带来的效益非常明显。当然这并不是谁都能做出同样的效果，对于别人来说可能很简单，但对自己来说并不一定是简单的事情。正如台上一分钟，台下十年功，工程造价人员要读万卷书、行万里路，业务处理才能熟能生巧，距离成为高水平的工程造价人员也是指日可待的事情了。

参考文献

[1] 中华人民共和国国家标准. 建设工程工程量清单计价标准 GB/T 50500—2024 [S]. 北京：中国计划出版社，2024.

[2] 广东省建设工程标准定额站，广东省工程造价协会. 广东省房屋建筑与装饰工程综合定额2018 [M]. 武汉：华中科技大学出版社，2019.

[3] 广东省建设工程标准定额站，广东省工程造价协会. 广东省通用安装工程综合定额2018 [M]. 武汉：华中科技大学出版社，2019.

[4] 全国造价工程师职业资格考试培训教材编审委员会. 建设工程造价管理 [M]. 北京：中国计划出版社，2021.

[5] 全国造价工程师职业资格考试培训教材编审委员会. 建设工程计价 [M]. 北京：中国计划出版社，2021.

[6] 中国注册会计师协会. 税法 [M]. 北京：中国财政经济出版社，2022.

[7] 中国注册会计师协会. 审计 [M]. 北京：中国财政经济出版社，2022.